預見起飛中的
智能穿戴商業契機

智能穿戴結合大數據,將在人們生活中,
造成各種不同程度的改變,
也將創造出龐大的商機,你擔心錯過嗎?

陳根 著

前言

　　可穿戴設備行業自 2012 年由谷歌眼鏡引爆之後，整個領域發展至今尚處於初級階段的探索期，無論是硬體本身、系統平臺、商業模式，還是生態圈。而縱觀整個行業，我們可以預見，相對比較成熟的商業模式將最先出現在可穿戴醫療領域，其次應該是與大數據結合的廣告行業、旅遊業、遊戲行業等。而運動監測類產品除了 Fitbit 已經形成了大數據的獲利能力之外，其餘的商業模式都相對比較傳統，就是通過硬體本身的銷售獲取盈利。

　　可穿戴設備領域當前已經出現的商業模式，還是以直接的純硬體銷售為主、軟體平台為輔的模式，比如各類智能手錶、手環、虛擬實境設備等。而在可穿戴醫療領域，已經出現了可穿戴設備與保險公司、醫療機構、數據分析公司合作的商業模式，這些也是目前整個智能穿戴行業內比較典型的幾種商業模式。

　　而在廣告、旅遊、電子商務等其他行業領域，目前都還沒有形成比較成熟的商業模式，最根本的原因是當下可穿戴設備的整個生態圈還未搭建完善，尤其是數據的監測、分析、反饋等還遠未達到商業化應用的標準。但是，我們可以基於現今智能技術以及行業發展趨勢上，對未來這些領域內的商業模式做一個前瞻性的預見，而這一部分將在本書占比較大的篇幅。

　　根據 IDC 的數據，可穿戴設備市場的增長速度超過全球消費電子市

場的其他任何領域。2014 年，可穿戴設備的銷售量是前一年的 3 倍，達到 1.92 億件；預計 2019 年這個數字會達到 12.6 億，也就意味著在全球範圍內，有 279 億美元的潛在銷售額。

此外，根據 NPD Display Search 可穿戴設備市場及預測報告顯示，2020 年全球可穿戴設備市場的出貨量將達到 1.53 億台，其中中國大陸會成為這一領域未來最大的潛在市場。NPD Display Search 指出，誠如目前許多消費性電子產品，中國大陸市場的龐大需求引導了許多廠商在設計、產品規格、成本與價格等方面承擔著引領全球的角色。同樣在智能穿戴設備領域，中國也很可能憑藉龐大市場需求的刺激，率先產生具有特色且符合國情的商業模式。

這些預測報告其實都還只是整個可穿戴設備產業的冰山一角，或者可以理解為基於智能手錶、手環所做出的預測。其實，可穿戴設備，作為智能穿戴產業中的一個分支，只是其中圍繞人體的智能化產品部分。通俗地理解，就是可以「穿」、「戴」在人體身上的智能化設備；從與人體的接觸層面進行劃分，可分為體表外與體表內，也就是穿戴在人體皮膚外的穿戴式產品和植入人體內的植入式穿戴設備。

體表外的可穿戴設備是我們目前比較熟悉的產品，主要是由谷歌眼鏡和蘋果手錶引領，加之中國內地的諸多創業者以智能手錶、智能手環為產品形態切入的可穿戴設備領域，使其成為大眾最為熟知的一種產品

形態。但智能手錶、手環類產品並不是可穿戴設備的全部，只是可穿戴設備在體表外的一種表現形式。就整個人體可穿戴設備產業層面來看，智能手錶、手環儘管起步較早，但市場容量可以說是整個可穿戴設備產業中相對較小的一個模組，可以說還未發力的智能眼鏡、智能服裝、智能鞋子、智能飾品、智能內衣等體表外可穿戴設備中的任一產品形態，其市場空間都比智能手錶、手環要大得多。

那麼我們就以 IDC 的這組數據為參考來對可穿戴設備產業做一個測算，我們假設智能眼鏡的市場容量與智能手環、手錶類產品一樣大；假設智能鞋子的市場是智能手錶、手環的 3 倍；假設智能服裝的市場也是智能手錶、手環的 3 倍；假設智能飾品的市場和智能手錶、手環一樣大，先不計算人體植入式的可穿戴設備，也不計醫療類的可穿戴設備，不計未來智能手機將成為可穿戴手機的市場，以及智能內衣等，就這樣簡單地做個估算，其市場容量是多大呢？按照 IDC 第 2 階段 1810 萬台出貨量來計算，1810+1810+1810×3+1810×3+1810=16290 萬台，然後還要乘以相應的係數，再乘以 4 個季度，此時所得到的數據才是相對靠譜的市場容量數據。而所得到的這個數據還不包括每年的增量係數，因此，可以說可穿戴設備的市場容量遠超出我們當前的理解。

本書將結合可穿戴設備的全球發展趨勢，從宏觀、微觀、具體案例以及未來預測等視角，對可穿戴設備領域的商業模式做一個系統的分析

和探索，以幫助想要進入這個領域的傳統企業、創業者以及對該領域有興趣的人士更精準地切入這個行業，使投入的資本更有效地獲得回報。

本書由陳根著。陳道雙、陳道利、林恩許、陳小琴、陳銀開、盧德建、張五妹、林道姆、李子慧、朱芋錠、周美麗等為本書的編寫提供了很多幫助，在此表示深深的謝意。

由於水準及時間所限，書中不妥之處，敬請廣大讀者及專家批評指正。

著 者

目 錄

目

錄

導言

由智能技術主導的未來經濟

「我們正身處一場技術革命的開端⋯⋯人們假定將來的技術和今天的一樣。但他們還不知道,技術正在我們周圍爆炸起來,每件事都將變得不一樣了。」

　　——李·斯爾佛(Lee Silver),美國普林斯頓大學生物系教授

近 70 年,全世界經歷了一場前所未見的資訊技術革命,把工業時代的經濟驟然推移至以網路為平臺的全球化新經濟。而近 20 年間的科技發明和創新,更超過之前兩、三百年的總和。這場像海嘯一樣的技術革命已排山倒海而來,正以迅雷不及掩耳之勢顛覆人們的生活方式和習慣。

技術革命將逐漸由智能手機時代跨向可穿戴設備時代,資訊的搜集與呈現將依託於一個與人體密切相關的智能終端設備。它們會以自然的方式融入人體,介入人們的生活,並且建造生活。未來的經濟發展也將因可穿戴設備呈現全新的格局,當經濟的中心——人,被全然「綁架」的時候,經濟必然面臨一場全新的革命與洗禮,不同的是,這場革命將由以可穿戴設備為核心的智能技術主導。

儘管當前由於「互聯網+」的出現讓我們的生活、商業發生了一些變化,這其中的有些變化可以說是顛覆性的。可以預見,在智能穿戴時代,整個生活的價值體系、治理體系、商業體系、經濟體系都將會發生

根本性的變化。

回望過去的二、三十年，我們會發現資訊網路科技和生物科技正在悄悄起著變化，甚至將發起一場革命。身處其中的我們被推著不斷往前行，生活在潛移默化中發生著天翻地覆的變化，這是一場關乎我們每個人的革命，帶來的影響不僅存在於當下，更影響著我們未來世代的經濟、健康和生活。

智能手機時代，改變了我們的社交、購物、閱讀、工作、生活等方方面面的習慣，令我們完成一件事情的效率遠遠高於功能機時代。目前，智能手機已不再只是一個通信工具，它早已演變成我們的生活中心、娛樂中心、購物中心……而在可穿戴設備時代，當前的智能手機形態將會逐漸被替換，**在智能手機已經構築的生態圈基礎上，可穿戴設備將進一步瓦解原有的生活方式，推動整個人類進入真正的大智能時代。**

與智能手機不同，可穿戴設備將完全解放我們的雙手，人機互動模式也將逐漸過渡到語音互動，甚至是潛意識的腦波互動。如果說當前的智能手機「綁架」了我們，讓我們的生活圍繞著智能手機展開，那麼可穿戴設備則是讓我們從資訊的「黑洞」中解放出來，讓一切資訊化、數據化借助於更為先進的通信技術圍繞著我們人類，為我們服務。不久的將來，你貼身的可穿戴設備不但會成為你的生活助理，甚至還可能成為你的私家看護，監察你的心臟與血壓，在緊急狀況下為你聯繫醫生。

在生物科技方面，不可思議的事更是不可勝數。

1978 年 7 月 25 日，世上首個試管嬰兒路易絲‧布朗在英國出生，這個新聞轟動全球，許多人都擔心她會成為一個「科學怪物」。然而，路易絲不僅健康地長大，並且還幸福地結了婚，生了孩子。

1997 年 2 月 22 日，英國生物遺傳學家維爾穆特成功地克隆[1]出了一隻羊—「桃莉」，這隻羊的誕生震驚了世界，更引來各方爭議，因這個

註 1 克隆，英文為 clone，即複製之意。

突破意味著一些高等哺乳動物乃至人類或可被複製出來。

　　如今，整個醫療界更是通過基因檢測向精準醫療邁進。通過基因檢測，人類可以從根源上破解疾病密碼，甚至預知即將出現的疾病。在可穿戴設備的協助下，醫生與患者雙方都可以更加直觀有效地掌握人體數據，從而使整個醫療過程更高效。

　　隨著醫藥科技的發展，今日的不治之症或許在未來將得到根治，如癌症、老年癡呆症等。4D 列印技術不僅能直接列印器官，將人體內功能衰竭的器官進行置換，讓每個人輕鬆健康地活到任意年歲，甚至還可以直接通過列印細胞來消滅癌症細胞。

0.1 智能未來的八大趨勢

　　我們面對的未來將是一個智能的未來，若高瞻遠矚，掌握這些科技趨勢，不但可看透未來，甚至能提前為自己建造一個美好的未來生活。個人電腦在 1970 年問世後，經過短短 40 年的發展，攜同互聯網和生物基因工程，再次掀起全球第二次技術革命。我們深信人類社會將邁進一個由智能技術主導經濟活動及社會發展的未來時代，我們可稱其為「智能未來」(smart future)，它具有以下八大特色。

（1）移動經濟

　　在 2015 年世界移動通信大會上發表的《移動經濟：2015》報告顯示，未來五年，移動用戶將新增 10 億人，即從 2014 年年底的 36 億人增加到 2020 年的 46 億人。在此期間，每年增加 4%（複合年成長率）。到 2020 年，訂購移動服務的人數將從 2014 年占全球人口的 50% 上升到近 60%。

　　顯然，我們已經慢慢地從以 PC 為載體的傳統互聯網轉移到以移動設備，如手機、可穿戴設備為載體的移動互聯網時代，那麼隨之而誕生

的便是一個嶄新的移動經濟模式：整個市場經濟將由目前的固網轉移至消費者的移動設備之上。

通過移動智能設備，使用者可以下載各式各樣的應用程式 (App)，越來越多的消費者可隨時隨地獲得電商平臺的貼心服務。預料未來 20 年間，大部分的商貿交易將在移動設備上進行，我們也可以將這種經濟方式理解為物聯網時代的一種新常態。

（2）共享經濟

以 Uber（圖 0-1）為代表的共享經濟模式正在大行其道：不需要固定的辦公室、沒有規定工作內容的合同、工作時間靈活可變，收入還相當可觀。它不僅改變了人們的生活，還正在改變人們的工作。共用經濟通過合理配置閒置資源，實現利益最大化，其最大的吸引力在於靈活性：幾乎任何人都可以隨時參與，並受益。

Uber 的司機可能是一位大學教授，也可能是一位整天伏案工作的

圖 0-1 Uber App

企業白領，無論你是誰，做著怎樣的工作，只要你有空閒的時間，並且有符合要求的座駕，就可以加入 Uber 行列賺點外快。調查顯示，美國 Uber 司機的受教育程度相當高，近一半有大學或更高學歷（48%），大大高於計程車司機（18%）和勞動力群體中的平均值（41%）。

類似的還有 Instacart，它讓你在獲得購物滿足感的同時掙到錢。只要你有最新的智能手機、年滿 18 歲以上，能搬動 12lb（約合 11kg）以上的重量，週末和晚上的時間能夠安排工作，就可以成為 Instacart 的一員。在去超市購物的時候，如果你看到需要幫助送貨上門的鄰居在 Instacart 下了單，你便可以搶單，幫鄰居購物以及送貨上門，這樣你就可以獲得每小時 25 美元的報酬。

此外，座駕分享企業 Zipcar、房屋分享企業 Airbnb 和圖書分享企業 BookCrossing 等，都正在幫助消費者更加迅速有效地找到他們需要的商品，而且這些企業的優勢在於，消費者可以在這些平臺上，以更加低廉的價格找到他們所需的物品。這種模式的出現得益於無時無刻、無處不在的移動通信技術所建構的獨特資訊流。

（3）無界限運算

未來中國和全球都將步入以雲計算為中心的全面智能化時代。雲計算中心負責數據交匯處理，擔負著巨量複雜資訊數據的傳輸、儲存和運算。未來我們接觸到的資訊載體往往是一塊塊螢幕，例如比今天更輕薄的智能手機、平板電腦和電視，甚至是虛擬的全息螢幕，總而言之，螢幕將變得無處不在。

無界限運算將不僅改變我們的生活狀態，也將改變我們的工作狀態。以前我們要去企業打卡上班，朝九晚五，但是現在以及未來，在移動資訊無所不在的網路社會，越來越多的就業機會將會創建於傳統職場之外。美國企業僅有 35% 的員工必須在辦公大樓內從事朝九晚五的工作，其餘

可以在家或在其他場所，從事創新或為客戶提供服務，同時透過移動智能設備隨時與公司保持密切聯繫。總之，整個業務和工作環境都在移動網路之中。

不僅如此，物聯網時代將會引發一場新的國際分工，而這次分工的核心並不是實體生產製造環節，而是圍繞著可穿戴設備所引發的一系列資訊處理的國際分工。或許香港將是全球眼科診斷的數據處理中心，美國將會是兒科的數據處理中心，中國將是中醫的數據處理中心，總之無界限運算將打破當前國家地理區域的限制，各國都將會圍繞自身最具有優勢的產業資訊流建立相應的數據處理平臺，並服務於全世界。

（4）人工智能

2011 年，超級電腦「沃森」(Watson) 在 IMB 三場《危險邊緣》(Jeopardy) 智力競答比賽中，贏了兩位最優秀的前冠軍人類選手。不久前，日本東京三越百貨總店出現了一位身著和服的「美女」為遊客引路、介紹食品區資訊及店內活動，這位名為 Aiko Chihira 的接待小姐是東芝研發的人形機器人。

人工智能的發展，將給人類的生活和工作帶來極大的幫助。特別是在工業製造，智能機器人，或者智能機械手會為企業帶來可觀的效益。目前，各大城市已經有越來越多的加油站裝有加油自購服務，超市增設購物自助付款服務。這種作業自動化的大趨勢，正逐漸取代人手服務。不知當自動化擬人機械年代真正來臨時，人類就業前景可會受到重大的衝擊？

不過這還只是一個開始，當人工智能與大數據融合時，它不僅能有「智能」地成為我們的生活助理，並且無處不在。同時，隨著具有自學習能力的人工智能技術的發展，也可能會給我們人類社會帶來潛在的危機，但人工智能的趨勢已經不可阻擋。

（5）智能生活

試想一下這樣一個未來：當你下班開著車回家時，可穿戴設備根據你一天的工作量得知你的疲憊指數、心情，甚至瞭解你在這種心情時的胃口，然後根據這些分析，在你一啟動汽車時，就選擇好了舒緩的音樂供你放鬆心情。接著，它便開始將你的情況告訴給智能家居兄弟們，讓它們趕緊根據氣候調節好室溫、光線明暗，準備好洗澡水，甚至還 能為你準備營養豐富的健康晚餐。

當你一到家，並不需要刻意去想著先開啟什麼，後做什麼，只需很自然地順著你平時的習性隨意而為，因為所有的智能設備都已經隱於你生活的背後，它們通過你身上的可穿戴設備回饋的數據，在你需要的時候自然而然地出現。

即使是一位極度貼心的管家也無法做到這樣。管家或許能通過與你長年累月的相處瞭解到你愛吃什麼，喜歡穿什麼，但卻很難做到完全瞭解你在想什麼。然而未來的生活，將是由許多「懂」你的智能設備合力為你打造。而這樣的智能生活，正在向我們每個人走來。

（6）再生醫療

再生醫療是一種利用幹細胞修復人體器官或組織的尖端醫學技術，將人工培養的活性細胞或組織等移植到人體內，使受過損傷或病變的人體臟器或組織再生，進而恢復健康。

2006 年，日本京都大學教授山中伸彌發現並成功培育出誘導性多功能幹細胞，並因此獲得 2012 年諾貝爾生理學或醫學獎。誘導性多功能幹細胞的醫療將能培育出牙齒、神經、視網膜、心肌、血液、肝臟等人體所有細胞和組織，移植到患者相關部位，使患者被損傷或病變的器官恢復健康；醫務人員則可以採用該技術，從患者身上採集細胞培養成幹細胞，在試管中再現發病機制，並針對發病機制在細胞級別層面有針對性

地研發有效的治療藥物。

　　未來社會，再生醫療將變得更加簡單高效。隨著生物列印技術的發展，比如 3D 列印能夠直接列印出用於人體內部的各類器官，而 4D 列印的非治療型奈米機器人，將可以擔當起人體「衛士」的職能，在人體內進行 24 小時無休的巡邏工作，一旦遇到癌症細胞，還能自動觸發形變功能，直接將其吞噬或釋放所攜帶藥物將其消滅。總而言之，人類在疾病面前將變得不再那麼被動或無能為力。隨著智能科技的發展，特別是可穿戴設備時代的來臨，醫學領域將會是首先被顛覆的。

（7）思維共享

　　印度寶萊塢最新的一部電影《我的個神啊》[2] 裡面，外星人 P.K. 的交流方式不是通過語言或者各種外在的表情和動作，而是基於握手，通過腦波互動實現意識交換。這種交流方式，將讓謊言無處遁形，甚至還能快速學習他人頭腦中的各類知識。

　　被稱為在世的最偉大的科學家之一的霍金，在 21 歲時就患上肌萎縮側索硬化（漸凍人症），他能動的地方只有 2 隻眼睛和 3 根手指，而他的未來將就此被禁錮在輪椅上。但是，在不久前，霍金擁有了一個新裝備，讓他的眨眼、皺眉都能變成指令，幫助他來展現其豐富的思維。

　　我相信許多人對於思維共用或者意念溝通都抱有很大的期待，特別作為學生考試的時候，恨不得能有哆啦 A 夢的記憶麵包。在愛立信的全球調查中，40% 的智能手機用戶表達了「希望使用可穿戴設備，通過意念與他人進行溝通」的需求。甚至超過三分之二的被調查者認為，在未來的 2020 年，這種溝通方式將變得司空見慣。

　　具體到各種設備的選擇需求上，82% 的消費者認為將觸摸手勢或脈搏跳動傳輸給其他人的智能手錶，會在 2020 年成為主流；其次，72% 的

註 2 ：《我的個神啊》，在台上市電影片名是《來自星星的傻瓜 PK》

消費者青睞於可支援控制家中媒體播放、燈和溫度的可穿戴設備；再者，通過意念便能與他人進行通信的可穿戴設備，也獲得了 69% 的支持率。

（8）預測監控

搜尋引擎、GPS 定位、社交媒體等這些所產生的數據將在大數據分析技術不斷提升的情況下，改變未來整個商業格局。比如谷歌搜索、Facebook 及 Twitter 等社交媒體服務與智能手機的廣泛使用，提供大量有關消費者購物偏好的數據，擅長大數據分析 (big data analytics) 的市務專家就可以借此輕易地建構客戶情貌（profiling），從而準確預測個別消費者的購買行為；而在 iOS 及 Android 智能手機上的全球定位系統 (GPS)、地理資訊系統 (GIS) 和同步定位與地圖建構 (SLAM) 系統等軟硬體的輔助下，資訊科技專家也能有效地預測使用者在使用智能手機時的行蹤，如再加上遠端視像感應系統，我們的工作及生活環境可能受到他人的全天候監控，幾乎無個人隱私可言。因此，未來學家派特裡克‧塔克 (Patrick Tucker) 認為我們將會生活在一個處處受監控、隱私蕩然無存的赤裸未來 (naked future)。

可穿戴設備時代，一切數據都將變得更加精準，商業行為將在分秒之間進行，誰更多地掌握著有效數據，誰就能首先為客戶提供個性化服務，贏得客戶的關注和信任。

0.2 未來的消費模式

（1）個性化消費模式成主流

每個時代都有不同的消費潮流和消費模式，而 21 世紀的今天，我們面對的將是個性化消費模式成主流。

iPhone4 的發布瞬間縮短了商業間的距離，讓全世界的商品都凝聚到

了指尖上，並圍繞著人來轉。而借助於移動互聯網技術的普及，資訊的流動速度與覆蓋範圍也超過了以往的任何一個時代。無區域、無時限的流動，讓用戶的想法獲得了充分表達，並有機會被採納。就如小米借助微博直接與用戶充分互動的浪潮，快速推動了以使用者為導向的商業革命，讓用戶參與其中，表達自己的想法，並為自己的想法「買單」。而這波以使用者為導向的革命，將會是接下來很長一段時期 的主流。而以使用者為導向的商業形態將呈現以下幾種特性：細分、個性、參與、 體驗、快速。消費者可以隨時隨地找到無數可選產品，並且能立即納入囊中，全世界的商品就在我們的指尖。而消費者在這個時代中，將以自己的方式重新定義價值。

（2）越來越注重設計消費

隨著文化素養和消費水準的提高，消費者逐漸由注重產品功能實用的傳統消費觀轉變到產品功能與外觀均要獲得滿足的現代消費觀。除此之外，許多消費者還在極力追求情感上得到滿足的消費。

設計是最能直接表現產品外觀的，一款產品的精神和內涵也只有借助設計才能更好地被表達出來，消費者也是通過設計來認可一款產品是否滿足了自身的消費需求。換句話說，許多人已經從基本的物質消費上升到了精神層面的消費，即設計消費，尤其在奢侈品的消費中表現得更為突出。

此外，消費者個性化需求更多地將通過購買設計服務來實現，即使再好看的商品，也會因為人人均有而變得不再特別，失去了特別也便失去了價值。**這是個追求特別、個性，「我的地盤我做主」的時代，只要你的產品夠獨特，最好是為我量身打造的，那麼我會非常樂意降低對產品的價格以及實用性要求的。**

（3）從單一消費模式向綜合消費模式轉變

　　以前，我們可能買個單一的商品還得跑好幾個地方，但是如今在一個地方就能買到所有想要的東西，比如綜合商場。甚至，隨著電子商務、移動互聯網及移動智能設備的發展，我們只需動動手指，全世界的商品都呈現在我們眼前，隨時隨刻就能買到東西，並且還送貨上門。當然這樣的消費嚴格上講還不能稱為綜合消費。真正的綜合消費是指消費者在極短的時間內高效地完成一個複雜的消費過程。

　　如今的產品線覆蓋面越來越廣，尤其在移動互聯網的作用下，用戶可以對虛擬與實物、線上與線下結合的生產和生活的方方面面進行消費。例如支付寶的「未來醫院」已經通過互聯網實現了線上完成掛號、候診、檢查報告、繳費等整個就醫流程（圖 0-2），未來將進一步完善電子處方、就近藥物配送、轉診、醫保實時報銷、商業保險即時申賠等所有環節；接著在開放大數據平臺，結合雲計算能力的前提下，與可穿戴設備廠商、醫療機構、政府衛生部門等合作，共同搭建基於大數據的健康管理平臺，實現從治療到預防的轉變。

　　簡而言之，未來，我們只需將錢付給一個商家，對方就能滿足我們所有的消費需求，特別是像醫院這樣的機構，以後再也不用一個窗口一個窗口地跑了。

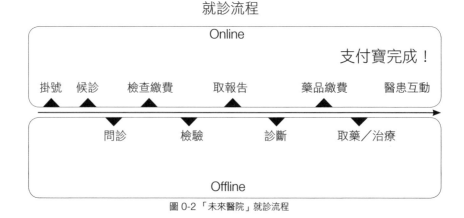

圖 0-2 「未來醫院」就診流程

第一單元

可穿戴商業模式面面觀

對於以往的智能硬體類產品市場，形成的商業模式往往是最簡單的純硬體模式，比如手機、平板電腦、相機、音樂播放機等。在互聯網變革之前，幾乎所有的商業都是處於一個相對比較簡單的物與貨幣價格的交換模式下，而互聯網讓這些交易模式發生了變化，我們使用 A 商品是免費的，但我們無形中支付了 B 的費用。

但進入可穿戴設備時代，硬體會成為副品，如今已經出現了的純硬體商業模式或者硬體＋用戶端商業模式都不過是這個領域發展的初級階段。

簡單地說，可穿戴設備的商業模式絕不會只停留在硬體上，當達到一定使用者規模後，通過數據分析和運用，實現流量以及數據變現才是最終目的。這也就意味著，消費方式、交易模式、商業模式等都會發生更深刻的變化，前端將不再是盈利的主要環節，後端所延伸出來的商業模式才是至關重要的價值點。

第一章

硬體及衍生品銷售

第一章

硬體及衍生品銷售

1.1 可穿戴設備市場前景

可穿戴設備的歷史最早可以追溯到 20 世紀 70 年代。麻省理工數學教授 Edward O. Thorp 在他的賭博輔導書《Beat the Dealer》（第 2 版）中提到，他最早於 1955 年想到了一個有關可穿戴電腦的點子，用於提高輪盤賭（圖 1-1）的勝率，並且在 1960 — 1961 年間同另一位開發者合作完成了該設備的開發。1961 年 6 月，該台設備開發完成後成功把輪盤賭的勝率提升了 44%。

圖 1-1 美國的輪盤賭

　　2012 年，谷歌借著谷歌眼鏡一舉引爆了可穿戴設備這一概念，2013
年，可穿戴設備迎來爆發期，市場開始出現了一些較為成功的產品。最
先出現在大眾視野中的是智能手環，這一產品形態主打人體健康數據的
追蹤，比如 Fitbit、Fuelband、JawboneUP 等。這類產品由於技術相對簡單、
產品供應鏈相對完善等因素而很快在市面上普及開來。進一步，則是隨
著國際 IT 巨頭的加碼，比如蘋果、谷歌、微軟、英特爾、三星等紛紛推
出了自己的可穿戴設備，使得這一行業的產品形態逐漸豐富，並且在很
大程度上將成為未來科技圈的持續熱點。

　　根據 IHS 預計（圖 1-2），全球可穿戴設備銷售額到 2018 年將有可
能達到 336 億美元，年均複合增長率高達 22.9%。顯然，就目前市面上已
經出現的可穿戴設備而言，接下去的產品需要更高的技術能力，這其中
包括軟體與硬體兩個層面，以及終端品牌廠商跨產業整合的能力。**可穿
戴設備會以最快的速度翻新消費性科技商品，市場普遍預期可穿戴設備
的成長速度將更甚於手機和平板**，這也是正常的產業發展趨勢。

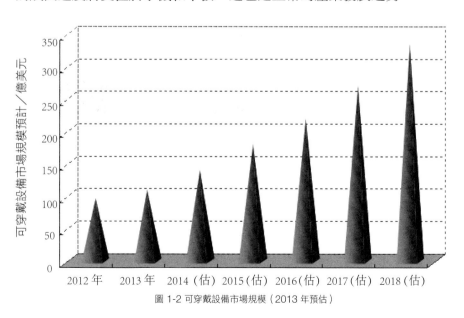

圖 1-2 可穿戴設備市場規模（2013 年預估）

以出貨量（圖 1-3）來看，根據市場調研機構 IDC 最新的數據顯示，2015 年第四季度的全球可穿戴設備出貨量達到 2740 萬部，同比增長 126.9%。縱觀 2015 年全年，可穿戴設備的出貨量為 7810 萬部，同比增長 171.6%。其中，智能手錶成為可穿戴產品的先行者，出貨量年增長率達 200% 以上，在出貨量中比重將逐步上升。此外，可穿戴設備的形態也將變得越來越豐富，應用領域也變得越來越寬泛。

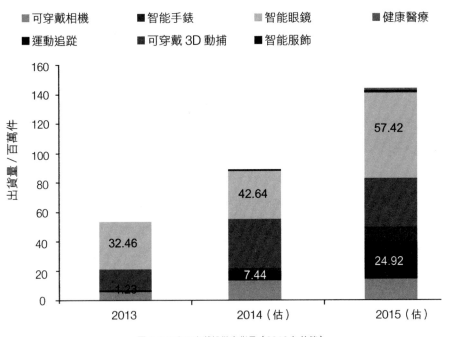

圖 1-3 HIS 可穿戴設備出貨量（2013 年估算）

　　另外，摩根士丹利在一份報告中預計，在產業樂觀發展的情況下，可穿戴計算設備 2020 年的銷售量將達到 10 億台，增長速度比智能手機和平板電腦市場爆發時更快。不過這些預測都只是基於對可穿戴設備相對狹隘的定義層面所做出的預測，而真實的市場容量將在這些預測的基礎上放大多倍。經過這幾年的發展，可穿戴設備概念已經正式落地，並且在產品的設計與功能方面開始從初級階段步入了第二階段。

　　隨著消費者對可穿戴設備認知的不斷提高，開始對產品提出更高的要求，比如時尚的外觀、實用創新的功能，特別是在醫療健康領域，用戶已經不滿足於初期的數據獲取、匯總、呈現，而開始關注數據的準確、回饋資訊的價值等問題。此外，對可穿戴設備廠商而言，當全球的可穿戴設備達到一定規模的出貨量時，除了根據市場需求不斷調整產品本身以外，還需要加緊符合自身產品的商業模式打造。任何商業行為，沒有成型的商業模式支撐，就不能稱其為商業。

　　在可穿戴設備領域，目前雖然還未出現特別成功並可以大規模複製的商業模式，但是各大廠商已經在做不同的嘗試和探索，以下我們就已經存在的四大範疇內的可穿戴商業模式進行簡要的梳理和分析。

1.2 小米手環與 Apple Watch

　　在市場調研機構 IDC 公布的 2015 年第一季度可穿戴設備市場報告中顯示（圖 1-4，見 P30 頁），全球可穿戴設備發貨量達到 1140 萬部，同比增長 200%。IDC 可穿戴設備研究經理雷蒙‧拉馬斯 (Ramon Lamas) 表示，由於剛剛結束假日購物季，第一季度的消費通常會下滑，但可穿戴市場仍實現強勁增長，這是非常積極的信號。此外，來自新興市場的需求正在上升，廠商也在努力滿足需求，抓牢這些新的機會。

可穿戴設備的出貨量

	2014		2015	
Fitbit		1.7		3.9
小米		0		2.8
Garmin		0.3		0.7
三星		0.3		0.6
Jawbone		0.2		0.5
其他		1.3		2.9
總計		3.8		11.4

圖 1-4　2015 年第一季度可穿戴設備市場發貨量（單位為百萬件）

　　可穿戴設備的出貨量還一直在不斷地增長，其中也有許多廠商開始實現了盈利，但是大部分實現盈利的方式是通過直接的硬體及其衍生品的銷售獲得的。以小米手環為例，2015 年第一季度發貨量為 280 萬件，市場份額為 24.6%，位居全球第二，顯然這主要是依靠小米手環在中國國內市場的銷售。有人說，主要因為它的低價策略，79 元人民幣（下同）讓很多原本不玩可穿戴設備的人也有了想玩一玩的衝動，那麼就這個價格而言，小米手環的製造商華米科技有沒有實現盈利呢？

　　經過對小米手環的成本解剖，我們初步測算出小米手環機身、腕帶、主機板、感測器等元器件的各項成本總計在 39.5 元，加上增值稅（17%）後的成本為 46.2 元。當然，這裡面還不包含前期投入的研發費用、運費以及人工成本。但這跟 79 元的銷售價一比較，毛利率還是高達 100%。根據 2016 年 1 月小米公司所公布的數據顯示，小米手環 2015 年的出貨量高達 1200 萬件。

　　目前，小米手環在純硬體上面賺錢外，尚未出現通過其他增值服務賺錢的模式，不過這也讓我們看到，在可穿戴設備領域，把一款單品做好、賣好也是很賺錢的。

　　我們再來看另外一個例子。2015 年 3 月，蘋果發行了讓人期待已久的智能手錶 Apple Watch，當 Apple Watch 在 4 月 24 日開始預售時，共有 9 個國家或地區的消費者立刻下單。Quartz 科技編輯丹‧弗洛默 (Dan Fromer) 指出，該公司的數據顯示大約有 150 萬美國訂單是在預訂開啟的第一天下好的，超過 80 萬的訂單是在預訂開啟的第一個小時內下好的。

　　這其中，大家最關心的還是 Apple Watch 的售價。據媒體報導，Apple Watch 在美國的起售價格為 349 美元；把匯率及增值稅考慮在內，英國的價格則約為 300 英鎊。而在中國內地市場上，Apple Watch SPORT 版共 10 款，起價為 2588 元，最高 2988 元；Apple Watch（標準版）共 20 款，起價為 4188 元，最高 8288 元；Apple Watch EDITION 版共 8 款，起價為 74800 元，最高 126800 元（表 1-1、圖 1-5）。

表 1-1 Apple Watch 在中國市場的銷售價

規格	SPORT 版	標準版	EDITION 版
38mm 錶盤	2588 元	4188 ～ 7888 元	74800 ～ 126800 元
42mm 錶盤	2988 元	4588 ～ 8288 元	88800 ～ 112800 元

元／人民幣

圖 1-5 Apple Watch

根據市場研究公司 Global Equities Research 發布的報告顯示，自從
2015 年 4 月上市銷售以來，Apple Watch 的訂單已經達到 700 萬台，出貨
量達到 250 萬台。據 Slice 估計，截至 2015 年 6 月中旬，蘋果已售出了
279 萬台 Apple Watch。

除了硬體銷售之外，蘋果還適時推出了配件銷售策略。關於 Apple
Watch 的盈利模式，分析稱一定程度上應用了「刮鬍刀和刀片」(Razor
blade) 的商業模式，即以較低價格銷售刮鬍刀，同時通過銷售刀片來賺
錢。市場研究公司 Slice telligence 通過對大量電子郵件數據的挖掘，得到
的數據證明了這一點。

蘋果公司為 Apple Watch 配備了多種不同樣式的錶帶（圖 1-6），分
為不同顏色和尺寸等，總共有 21 款，售價從 398～3588 元人民幣（後
同）。其中，價格最低的運動型錶帶售價 398 元，有黑色 (42mm) 和粉色
(38mm) 兩種款式。而米蘭尼斯錶帶、經典扣式錶帶和皮制回環形錶帶售
價均為 1158 元；現代風扣式錶帶售價 1928 元，採用不銹鋼材質的鏈式
錶帶售價則高達 3588 元（表 1-2）。

圖 1-6 不同樣式的 Apple Watch 錶帶

表 1-2 Apple Watch 錶帶規格及售價

型號	大小	售價／元、人民幣	腕圍（參考值：女性 140 ～ 175, 男性 165 ～ 200）
38mm 運動型錶帶	S/M	398（2 支）	適合 130 ～ 180mm 腕圍
	M/L		適合 150 ～ 200mm 腕圍
38mm 經典扣式錶帶	一	1158	適合 125 ～ 200mm 腕圍
38mm 米蘭尼斯錶帶	一	1158	適合 130 ～ 180mm 腕圍
38mm 現代風扣式錶帶（小錶盤獨有）	小	1928	適合 135 ～ 150mm 腕圍
	中	1928	適合 145 ～ 165mm 腕圍
	大	1928	適合 160 ～ 180mm 腕圍
38mm 鏈式錶帶	一	3588	適合 135 ～ 195mm 腕圍
42mm 運動型錶帶	S/M	398（2 支）	適合 140 ～ 185mm 腕圍
	M/L		適合 160 ～ 210mm 腕圍
42mm 經典扣式錶帶	一	1158	適合 145 ～ 215mm 腕圍
42mm 米蘭尼斯錶帶	一	1158	適合 150 ～ 200mm 腕圍
42mm 皮製回環形錶（大錶盤獨有）	中	1158	適合 150 ～ 185mm 腕圍
	大	1158	適合 180 ～ 210mm 腕圍
42mm 鏈式錶帶	一	3588	適合 135 ～ 195mm 腕圍

　　根據 IHS 的估計，儘管入門級的運動腕帶價格達到 49 美元，但實際製造成本僅為 2.05 美元。據統計，在 200 萬人中，有超過 2 萬人購買了 Apple Watch，數據顯示有 17% 的購買者買下了不止一條腕帶。Slice 表示，這一數據符合美國商務部和亞馬遜的數據。

　　從蘋果手機的發展趨勢來預測，蘋果手錶在將來也很有可能會成為智能手錶這個領域內的老大。Strategy Analytics 公司總監 Cliff Raskind 預測，2015 年全球智能手錶總出貨量將增長 511% 達到 2810 萬台，大部分的銷量增長將來自於 Apple Watch。而根據 IDC 的最新分析報告顯示，

2015 年，Apple Watch 全年出貨量為 1160 萬台，市場份額達到 14.9%。

　　人們看好 Apple Watch，除了這個硬體本身有許多值得推崇的優點之外，還在於蘋果公司擁有的品牌知名度、忠實的果粉、強大的零售網路以及完備的應用程式生態系統，這一切都將為 Apple Watch 未來的發展調好了大致方向。

1.3 怎樣的硬體能獲利

　　可穿戴設備最大的價值其實並不在硬體本身，而是其附著在人身上產生的一系列的大數據，但是就目前的技術水準以及整個領域發展階段而言，都還達不到深度挖掘數據、應用數據實現盈利的水準，因此，前期進入這個領域內的可穿戴設備廠商能操作的就是如何賣更多的硬體賺錢，這不僅是獲利最快速有效的方式，也是相對比較簡單的方式。

　　既然已經將目光聚焦在硬體本身，那麼廠商就要開始從以下幾個方面著力去打造自己的產品以使它占據更大的市場份額。

（1）要在設計上下功夫

　　讓每一款設備不但吸引眼球，並且好用，至少在佩戴上要舒適，功能則做少做強。在移動互聯網時代，消費者的口味只會越來越刁鑽，對產品的要求也肯定是越來越高，如果一款產品無法達到消費者的心理期望值，那麼，當新鮮感一過，也就差不多可以被打入冷宮了。

　　這是一個追求個性、特殊的消費時代，設計的作用會在這樣一個時代越發凸顯出來。消費者不再僅僅追求功能實用的產品，而是更加追求外觀時尚、與眾不同的設計作品，他們需要通過這些產品展現自己的品味，獲得精神和情感上的滿足。可穿戴設備的產品形態如此多樣，設計在其中將有巨大的發揮空間，首先打好「設計」這張牌，將會為你的產

品贏得消費者們的注目禮。

（2）打造殺手級應用和功能

如果我們寄望於通過市場調研而獲得用戶的需求，比如去詢問一些人，他需要一款具有哪些功能的智能設備，基本很難得到真正的需求的答案，即便提供了一些建議，也未必是真正的需求。

我們看到蘋果就是一個智能硬體領域非常典型的例子，在智能手機未誕生前，用戶並沒有主動去尋求這樣功能的手機，而賈伯斯首先洞察到了用戶的這些潛在需求，進而打造了一部 iPhone 手機，顛覆了整個世界的通信、社交甚至生活方式。

用戶真正的需求往往潛藏在每個用戶淺層需求的背後，需要深度開發與挖掘才能被覺察，之後再將其轉化為設備上可觸可感的功能。可穿戴設備要想快速獲得消費者認可，研發「殺手級」的應用和功能是關鍵，如果沒有這些，其他的都沒有意義。此外，「殺手級」應用和功能也是形成自身技術壁壘，避免產品同質化的有效方式，而這足以讓一款智能設備長時間立於不敗之地。

（3）要讓產品足夠個性化，甚至提供客製化服務

在這個以使用者為導向的時代裡，即便是谷歌 Glass 這樣的行業老大也不能仗著「科技領先」的優勢，在消費者面前任性，還是需要同時推出多種顏色的鏡框以滿足更多類型消費者的審美需求，從而最大限度地占領市場。蘋果公司更是對人群進行了細分[1]，推出了多種款式、價位的 Apple Watch 以滿足各類人的不同需求。在這個時代，你的產品普普通通，想讓消費者買單就比較困難了。

註 1：細分 STP 理論，是市場細分（Segmenting）、目標市場（Targeting）、市場定位（Positioning）三個英文單字的縮寫。

（4）以軟價值取勝

Apple Watch 剛推出來的時候，有許多人不能接受如此高的價格，難道蘋果公司就不怕許多人因為價格而被嚇跑嗎？但我卻認為，這恰好是蘋果公司有意為之。**蘋果公司的產品能夠俘獲這個時代的大部分人，憑的是什麼？憑的不僅是它的硬價值，還有它的軟價值。比如蘋果產品的外在設計、系統流暢等等帶來的優良體驗，在很多時候這些才是吸引用戶的主要原因。**在手機領域，iPhone 的定價相對是比較高的，但依舊有源源不斷的消費者願意買單。

（5）將可穿戴設備打造成奢侈品

Apple Watch 的發布已經讓許多傳統的時裝手錶廠商開始關注如何讓自己的手錶智能化。顯然，在這個時代，智能本身已經成為了一種時尚。可穿戴設備就可以借勢進入奢侈品領域，通過品牌效應、高級材料和精細手工來增加產品附加值，提升商品銷售收入。例如，Apple Watch EDITION 售價就高達人民幣 74800 ～ 126800 元不等，這一類型的錶與其他兩種類型的錶，從外觀上非常容易識別，每款都使用了 18K 金錶殼，售價高低則要看錶帶，最便宜的是氟橡膠錶帶，最貴的是現代風皮質錶帶，這樣的售價顯然已經達到了奢侈手錶的水準，但我相信依舊會有許多人願意購買。當精良的做工與智能結合的時候，就會成為這個時代最時尚的東西，而這對那些有錢又追求時尚的人而言，是再合適不過的選擇了。

顯然，硬體銷售的模式並不能為企業帶來長久的收益，也難以讓收益價值最大化，因為可穿戴設備未來最具潛力的盈利模式在於大數據的挖掘使用，那時，如今作為主要盈利來源的硬體反而會成為「副品」。

Memo

第二章

大數據服務

第二章

大數據服務

　　雖然上文提到可穿戴設備大數據服務的商業模式還不成熟，但不代表沒有，多種類型也在不斷地嘗試中，因為畢竟這才是未來這個領域內真正能夠獲得價值的方向。

　　此外，依託於可穿戴設備的大數據服務也已經開始陸續出現，並且取得了一些成功。真正的大數據服務，不僅會為商家帶來直接的利益，對於普通的用戶而言，也會為他們的生活帶來更多的便利。

2.1 當廣告遇上大數據

　　當廣告遇上大數據，一夕之間就變成了高效又精準的行銷工具。

　　以前，商家在做好產品的同時，還要思考怎麼樣才能得知誰是消費群體、是什麼樣的群體、消費群體為什麼會買產品、在哪兒購買、何時需要、何地使用、定價該多少、該怎麼做，然後費很大功夫做實地考察與調研，再花費鉅資請一家好的代理公司。

　　但是現在，可穿戴設備時代到來，使用者的一切行為都將數據化，商家和代理公司只需對數據進行精鍊洞察，並做出最接近事實的精準創意行銷，使得廣告發揮出最大效力。

　　在大數據優勢方面，搜索與社交類的公司或者平臺是最具備通過數

據資源建立商業模式能力的，比如谷歌、Facebook、百度、騰訊等。為什麼這樣說？因為這些企業掌握著使用者在搜索關鍵字或者交友聊天、發郵件的過程中所展示的一切資訊。

比如通過百度的搜索指數可以獲知「減肥」在當下有多熱門，大概分布在哪些年齡層級以及怎麼的群體當中，這些人偏向於怎樣的減肥方法等，這些信息對於個體而言或許沒有多大的意義，但對於做減肥市場的商家而言，就可以通過這些數據瞭解到消費者的整體概況，再根據這個概況做人群細分，然後研發產品。

另外，通過 Facebook 和微信這類社交媒體，可以從用戶日常的聊天分享轉發中獲知他們的興趣點是什麼、熱點持續時間有多長、愛吃什麼穿什麼、地理位置等，這些是在大數據出現以前難以大範圍掌握的個性化資訊。

像谷歌、百度這樣的搜索類企業，最大的價值就在於其用戶在上面留下的搜索痕跡以及背後形成的大數據服務邏輯。比如谷歌的 Gmail 能夠通過掃描使用者郵件資訊發布針對性廣告，記得有一個冷笑話，當用戶在郵件當中涉及「自殺」的敘述時，Gmail 會發來可以協助使用者自殺的藥或者方式的廣告。

從這個方面而言，谷歌這樣的廣告投遞方式在很大程度上侵犯了用戶的個人隱私，但從另一方面而言，廣告的投放不再像傳統撒網捕魚式，而是變得精準、高效，直擊用戶的需求。

2013 年，由百度提供數據，寶潔發起的「漂亮媽媽」活動獲得了當年的最佳數位行銷案例獎。當時寶潔的市場策略便是打動未使用紙尿褲的媽媽。

眾所周知，百度有中國最強的搜尋引擎、最龐大的雲系統，在這種條件下，百度建立了中國強力的大數據平臺，由精英聚集的百度大數據部掌控，經營成為中國大數據三強之一，而百度的大數據平臺的姿態更

為開放，所以有很多品牌選擇與百度合作。

　　而百度大數據平臺就給寶潔提供了這樣一個有說服力的數據：一個使用紙尿褲的媽媽要比不使用紙尿褲的媽媽每天多出 37 分鐘的自由時間。然後百度又發掘了使用紙尿褲的媽媽用這些自由時間幹了些什麼，百度發現，媽媽們在關注孩子成長的同時，也很重視其產後外貌的恢復。至此，寶潔就在自己的電商平臺發起了風靡一時的「漂亮媽媽」行動。通過一系列廣告公關活動，當季幫寶適紙尿褲銷量大增。

2.2 建立分析數據的模型

　　無論是硬體 + 用戶端，還是純硬體模式，可穿戴設備品牌商都加入了雲平臺，即使用者在可穿戴設備上交互產生的數據都將傳入雲端，進而通過大數據分析產生 新的商業模式。

　　可穿戴設備可以提供一個連續性、有序性的數據搜集通道。使用者的心律、心跳、血壓等數據通過可穿戴設備上傳至雲端，一方面可以即時同步到用戶的 App 上，一方面則留存在相應的雲平臺上。

　　可穿戴設備與大數據結合的商業模式，已經進入大數據平臺搭建與數據初級分析回饋的階段，比如一些智能手環，能夠使人體的各項身體指標數據化，而這對於非專業人士的用戶而言，可能並沒有多大的意義，因為看不懂。在這個過程中，便出現了專門對數據進行處理分析的企業。

　　比如一些企業建立相應的數據模型，當初始數據進入這個模型時，便能對數據進行對比分析，接著得出直觀的結論。這樣的企業便可以與健康管理機構、企事業單位甚至保險公司合作，將數據結果分享。當然，最終判斷將由專業的醫護人員負責。健康管理機構可以此對其客戶提供健康預警和預防服務，保險公司則可以通過該數據結果調整保費標準，由此，以可穿戴設備為入口，形成一條完整的產業鏈。

　　根據我對美國基於可穿戴設備應用的一些商業模式的研究發現，在美國已經有保險公司開始將可穿戴設備接入自己的行業，並且逐漸形成了獨具特色的商業模式，大致分為兩種形式：一種是醫療保險公司為向其投保的用戶支付一部分可穿戴設備公司的服務費；另一種則是保險公司根據使用者的生活習慣來調整相應的保險費以激勵用戶養成良好的生活習慣。

　　在第一種模式中，比較典型的是專注於糖尿病管理醫療的公司WellDoc，其主打的模式是「手機＋雲端的糖尿病管理平臺」，目前側重於移動醫療方面，但我認為這種模式與可穿戴設備結合之後的實際價值將會更大。

　　WellDoc公司主要是通過患者手機記錄和儲存關於自己的血糖數據，然後將數據上傳至雲端，在經過分析後可為患者提供個性化的回饋，同時提醒醫生和護士。該系統在臨床研究中已證明了其臨床有效性和經濟學價值，並已通過FDA醫療器械審批。

　　另外WellDoc的BlueStar應用，可為確診患有II型糖尿病並需要通過藥物控制病情的患者提供即時消息、行為指導和疾病教育等服務。WellDoc公司會根據提供的服務向使用者收取相應的費用。

　　由於該公司所提供的服務可以幫助醫療保險公司減少長期開支，因此目前已經有兩家醫療保險公司開始為投保的糖尿病患者支付超過100美元／月的「糖尿病管家系統」費用。

　　第二種商業模式則是建立在數據的挖掘、使用上。由於大部分可穿戴設備均內置了多種感測器，可以隨時監測記錄各種與人體健康息息相關的數據，因此保險公司可以通過這些數據瞭解投保者的生活習慣及各項身體數據是否健康，並建立一個獎懲標準，堅持運動、健康生活的人保險費降低，而生活習慣不健康的人保險費提高。

　　這種方式可謂是達到了雙贏的局面。保險公司通過這種生活習慣的

分析，不僅使用戶節省了保險費的開支，還促使用戶建立良好的生活習慣。另外，相對保險公司而言，投保的用戶生活越健康，所支出的醫療費用也就越低。

在美國，目前醫療保險費用主要由企業和員工共同承擔，而這種結合可穿戴設備的投保方式能夠在一定程度上降低企業在這方面的費用支出，而且還能激勵員工多運動，養成健康的生活方式，簡直是一舉多得。

Memo

第三章

系統平臺及應用開發

第三章

系統平臺及應用開發

作為智能手環領域的元老，Fitbit 是唯一將可穿戴設備和健康跟蹤應用程序都推入主流市場的公司。

Fitbit 的手機應用（圖 3-1）可以和 Fitbit 追蹤器或智能體重計配合使用，促使用戶運動更積極，飲食更健康。無論是 Fitbit Flex、One、還是 Zip，都能夠與 Android 或者 iOS 設備無線連接並同步。

圖 3-1 Fitbit 的手機應用

　　用戶只需帶上 Fitbit 智能手環，如步數、公里數、卡路里消耗等數據都會自動同步到手機應用上，不需要使用者自己動手操作。在「記錄鍛鍊」這一模組，用戶只需點擊應用右上角的「碼表」按鈕，接著再點擊大大的「開始」即可進行記錄，這裡可以通過 GPS 進行跟蹤記錄。有意思的是這裡還能夠設置語音提示和音樂，幫助使用者更好地調節節奏。

　　接著是「睡眠記錄」，睡眠記錄分兩種方式錄入，一種是通過睡前和起床敲擊手環進入睡眠模式來自動記錄，還有一種就是手動添加睡覺的時間來開始數據錄入。

　　最後是「飲水記錄」，在這裡使用者可以手動填寫精確的毫升數，也可以採用快速添加。不過這個實用性並不高也不太準確，因為用戶很難確切地知道自己喝了多少水。

　　整體而言，Fitbit 若沒有相配合的手機應用，其實用性和吸引力也會失去一大半，在還是智能手機獨占半邊天的當下，適當地通過手機應用的方式，來提升使用者的認知度以及影響力還是相當重要的。當然，未來的可穿戴設備將越來越獨立，成為與智能手機截然不同的智能化設備。

　　而目前可穿戴設備與手機之間的配合，其實只是一種螢幕顯示的借用關係，一旦虛擬實境技術商業化成熟，手機對於可穿戴設備而言就失去了存在的價值，當然也將面臨被顛覆的局面。不過智能手機或許將以另外一種形式繼續存活下來，那就是演變為可穿戴手機，即可穿戴設備中的一種產品形態。

3.1 國際主流大數據雲服務平臺

　　當下，可穿戴設備領域相當碎片化，而這也正反映出了統一的大數據雲服務平臺的缺失。許多可穿戴設備硬體廠商往往只生產硬體，銷售

硬體，更進一步也只是停留在硬體＋應用的階段，特別是一些初創公司，也沒有更多餘的能力去搭建一個大數據分析平臺。

　　國際 IT 巨頭則是研發各自的大數據服務平臺，形成割據，各自為戰，比如谷歌有谷歌 Fit，蘋果有 Health Kit 和 Search Kit，微軟有 Health Vault，三星則有 Samsung Digital Health 和 SAMI 平臺雲端。

　　顯然，移動健康平臺已經成為吸引用戶的新型手段，並且成為各大 IT 巨頭借助可穿戴設備布局移動健康醫療市場的一大途徑。各大巨頭都希望通過自己打造的平臺彙集第三方設備、應用的用戶健康數據，並聯合診所、醫院等醫療機構，實現更廣泛的健康數據分享，創建一個標準化健康平臺，為用戶帶來更多便利。

（1）谷歌 Fit

　　谷歌其實早在 2008 年就開始涉足電子健康市場。谷歌提供了一項健康數據分享服務，聯合 CVS 藥房及 Withings 等廠商，讓用戶可以在其健康平臺建立個人數據，更方便地獲得健康服務。但因沒有集成主流的醫療服務及保險機構，所以數據分享性遭到了限制，最終於 2011 年結束了谷歌 Health 服務。

　　不過，得益於搜尋引擎獲得的龐大數據，谷歌搜索本身也是一個極受歡迎的自我診斷平臺，據皮尤數據中心[1]顯示，35% 的美國人習慣在谷歌上搜索病症進行自我診斷，所以谷歌也獲得了「Dr. 谷歌」（谷歌醫生）的外號。

　　顯然，谷歌並不會放棄電子健康市場，在 2014 年 6 月的 I/O 開發者大會上，專注於運動數據彙集及分享的 谷歌 Fit 正式發布（圖3-2），8 月，谷歌正式向開發者公布了該平臺的預覽版 SDK。與蘋果的服務相似，主要是為第三方健康追蹤應用提供追蹤數據、儲存數據的 API，換句話說，

註 1：皮尤數據中心（Pew Research Center）為美國的一家獨立性的民調、智庫機構。

谷歌 Fit 能夠從第三方健身設備、應用中讀取數據，並形成大數據。從谷歌 Fit 整個布局方向來推敲，比如它目前並不能支持廣泛的醫療機構，所以似乎更專注於個人運動數據統計。一旦與谷歌眼鏡之類的可穿戴設備進行連接，其在醫療領域的實力與價值將會讓其成為這個領域的實力派。

圖 3-2 谷歌 Fit

（2）微軟 HealthVault & Microsoft Health

微軟的 HealthVault 創立於 2007 年（圖 3-3，見 P52），在這個健康管理平臺上，用戶只要線上申請一個個人健康帳號，就可以在線上維護自己的健康記錄。它就像一個個人資訊保險箱，有開放介面，可以與第三方廠商和保險公司之間做數據的交換，使用者自行決定上傳的資訊內

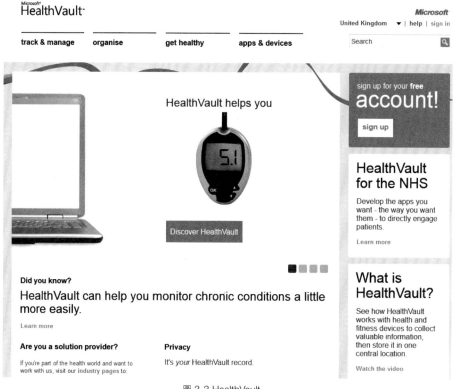

圖 3-3 HealthVault

容以及向誰開放資訊。

　　換句話說，用戶可以將其他設備上測量到的數據上傳至這個平臺，Health Vault 會在整合分析各方數據後回饋給使用者一系列相對準確客觀的解決方案。

　　科技網站 TNW 曾經以郵件形式對微軟 HealthVault 負責人斯蒂夫‧諾蘭 (Steve Nolan) 進行過專訪，探討了醫療檔案數位化的未來發展前景，諾蘭稱希望微軟的個人健康管理平臺 HealthVault 發展成為類似於 PayPal 和 Visa 的品牌，為醫護人員提供所需資訊以盡可能向患者提供最好的醫療服務。

　　近幾年，因可穿戴設備掀起了一股 IT 巨頭們密集推出各自健康管理平臺的熱潮，但微軟卻在默默地對自己的平臺進行升級完善，而這也為它之後推出的各類可穿戴設備奠定了大量有效的用戶群體基礎。消費者目前已經可以向 HealthVault 上傳來自 233 個第三方設備中諸如血壓、呼吸值和血糖等生物數據指標，並可以同超過 160 款第三方應用交換數據。雖然這項服務非常務實，但並不是很受歡迎，主要原因還在於用戶體驗不佳，另外則是其開發的應用適用系統不廣泛，知道的用戶太少。

　　在已經有了 HealthVault 的前提下，微軟又在 2014 年發布了一個新的健康數據平臺——Microsoft Health（圖 3-4）。Microsoft Health 雲服務平臺面向消費者和行業存儲，它可以把不同的健康和健身設備中搜集到的數據進行整合，並安全地存儲在雲端。使用者則可以把已經存儲在微軟健康平臺雲端的數據與自己在不同的設備中獲取的數據進行對比分析。比如步數、卡路里、心率等，並通過微軟的「智能引擎」得出有價值的結論，如什麼鍛鍊能夠燃燒最多的卡路里等。

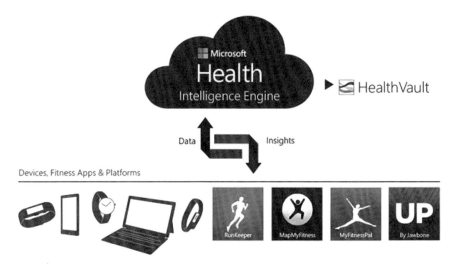

圖 3-4 Microsoft Health

微軟還指出，通過將這些數據與 Office 的日程與郵件資訊及定位資訊等結合，Microsoft Health 平臺中的「智能引擎」（intelligence engine）還可以分析出相對於工作安排的健身效果、吃早餐是否有助於跑得更快以及會議次數是否影響睡眠品質，接著為用戶制定出合理的鍛鍊計畫，並給出日常的生活建議。

目前，微軟已經就 Microsoft Health 與包括 Jawbone UP、MapMy-Fitness、MyFitnessPal 和 RunKeeper 在內的設備和服務商達成了合作意向。未來計畫提供選項讓使用者通過 Microsoft Health 與 HealthVault 的連接來將數據共用給醫療提供商。

（3）蘋果的 HealthKit 和 ResearchKit

2014 年 6 月 2 日召開的年度開發者大會上，蘋果發布了一款新的移動應用平臺 HealthKit，它可以整合 iPhone、iPad 或者 Apple Watch 上其他健康應用收集的數據，如血壓和體重，並對這些數據進行分析和回饋。

在蘋果最新的 iOS 8 系統中，內置的 HealthKit 健康平臺獲得了許多第三方應用程式和健身追蹤可穿戴設備的支援，如 Jawbone Up、MyFitnessPal（圖 3-5）、Withings Health Mate 等，目前加入數據整合的應用已達 900 多個。

此外，蘋果公司還與美國多家頂級醫院達成協議，如杜克大學醫學中心（Duke Medicine）和奧克斯納健康醫療體系（Ochsner HealthSystem）、Mayo Clinic 等。不久前，洛杉磯的 Cedars-Sinai MedicalCenter 更新了醫院的電子病歷系統，將超過 80000 名病人數據導入蘋果的 HealthKit 系統，是目前規模最大的一次。

HealthKit 在做的是將源自各種應用的健康相關數據整合起來，與電子病歷結合，可以在醫生診斷時提供更多參考，或通過即時追蹤提供如報警等協助工具。顯然，目前這些數據會對醫生帶來有效作用。

圖 3-5 MyFitnessPal

　　2015 年 3 月 10 日，蘋果公司在美國三藩市召開的春季發布會上，其營運長 Jeff Williams 宣布推出了又一新的醫療健康應用 ResearchKit。這一平臺最大的特點就在於開源，Researchkit 可以通過收集使用者的醫療數據，與合作的專家、醫療機構進行有效研究。

　　Jeff Williams 在發布會上也闡述了推出 ResearchKit 的初衷，主要是針對醫學研究。因為就目前而言，在醫學研究方面還存在諸多的局限，如參與研究的志願者招募困難；醫學研究對採集數據的精準度要求非常高，而做類似於問卷調查搜集的數據則過於主觀等問題。

　　蘋果的思路則是利用目前已有的全球 7 億部 iPhone 手機來記錄使用者健康數據，再用於相關的醫學研究。

在大家特別關心的隱私保護方面，Jeff Williams 則解釋，當加入一項 ResearchKit 研究活動時，用戶會被告知參與研究活動的風險，被詢問是否願意與其他研究人員和合作夥伴共用個人數據，因此，最終決定權完全掌握在用戶的手裡。

目前，ResearchKit 已經與全球多家權威機構合作研發了首批五項 App 應用，包括針對帕金森病的 Parkinson mPower Study App、針對糖尿病的 GlucoSucess、針對心血管疾病的 MyHeart Counts、針對哮喘病的 Asthma Health 和針對乳腺癌的 Share the Journey（圖 3-6）。

Breast Cancer　Diabetes　Parkinson's Disease　Cardiovascular Disease　Asthma

圖 3-6 ResearchKit 平臺上首批五項 App 應用

這批 App 都會對使用者的身體狀況進行定量跟蹤與分析，如與麻薩諸塞州總醫院合作的 GlucoSucess（圖 3-7），每日會提醒使用者完成以下五個步驟。

① 測量體重。

② 運動追蹤（即在每日的運動過程中需要攜帶 iPhone 並開啟 App）。

③ 回答每日兩個問題，包括睡眠品質和自我監測足部健康狀況。

④ 攝入食物監測（需要免費 App「Lose It！」的配合使用）。

⑤ 糖化血紅素（糖化血紅蛋白，Hemoglobin A1C）的數據。

近日，據國外媒體報告，蘋果打算通過以 ResearchKit 的 App 收集

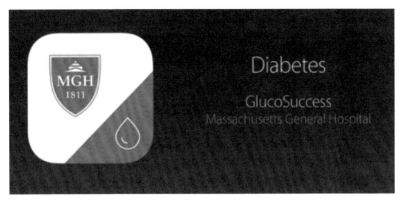
圖 3-7 與麻薩諸塞州總醫院合作的 GlucoSucess

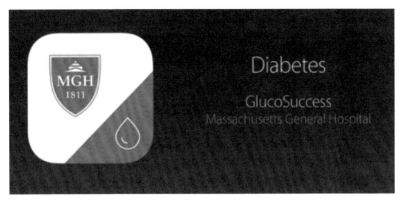

DNA 測試結果，數據主要由研究合作夥伴收集並儲存於線上雲端，並允許在醫療研究中使用。如加利福尼亞大學就有收集準媽媽的 DNA，並研究確定早產的原因。

若要將 ResearchKit 與 HealthKit 兩者進行比較，會發現無論是使用群體還是定位都有很大的不同。ResearchKit 主要用於醫療研究，而 HealthKit 則傾向於成為個人的健康顧問。此外，在應用的數量上，HealthKit 的數量將遠遠大於 ResearchKit，雖然 HealthKit 平臺的數據不一定都會用於醫學研究，但 ResearchKit 卻可以借著 HealthKit 大有作為。

未來的醫療行業，也會隨著這兩個方向逐漸被變革。通過健康管理平臺搜集整合醫療數據，再進一步通過像 ResearchKit 一樣的平臺做深入研究與分析，之後得出精準有效的預防與診療建議，最後回饋給醫療專家以及用戶，從而形成一個有效的醫療過程閉環。

（4）三星的 Digital Health

2014 年 11 月 13 日，三星在三藩市舉辦了 2014 開發者大會，發布了一款與 HealthKit 十分相似的軟體平臺。這套名為「Digital Health」（圖 3-8，見 P58）的健康解決方案能夠對手機和可穿戴設備收集到的用戶數

圖 3-8 三星的 Digital Health

據進行整理和分析，並提出相應的指導建議，旨在幫助個人有效率地培養良好生活習慣。值得一提的是，這些數據都將保存在雲端，可供用戶隨時查閱。三星還對 Digital Health 的演算法、設備和感測器都進行了優化，目前也已經有了耐吉、安泰、史丹佛大學及加利福尼亞大學等多家合作夥伴。

從長遠來看，三星認為面向健康和健身應用程式的設備對於預防性保健十分必要。Kaiser Permanente 公司的首席醫療資訊官約翰‧馬蒂森醫生同意這一觀點，「如果你沒有健康，其他也就不重要了。」理論化的健康系統，是我們這一代人最有意義的發明之一。另外，三星還發布了它的雲數位健康平臺。

3.2 中國主流健康大數據雲服務平臺

在 21 世紀的今天，病人會對醫療服務提出越來越多的要求，如他們希望更好、更及時地獲取個人醫療資訊，同時享受更先進、更廉價的醫

療服務。而醫療提供方面臨的壓力則是壓縮成本、改善治療效果、提升效率、擴大服務，並遵守不斷變化的全新監管規定。

目前，這些由《平價醫療法案》引發的爭議雖然主要發生在美國，但卻並非美國獨有，而是全世界都面臨著同樣的挑戰，特別是在中國這樣的醫療環境中，病人對於醫療環境的改善和服務的提升的要求更加迫切。

如今，互聯網的發展已經相當成熟，而借助互聯網會快速改變許多行業的發展狀態，比如說醫療行業，中國已經有多個互聯網企業加碼。

科技進步有助於解決其中的很多挑戰。新技術和新模式可以消除企業營運過程中的無效環節，或是改善醫療資訊的安全分享方式。所以，智能醫療雲的打造將成為整個智能醫療的根基。如電子病歷將能幫助很多醫療提供商實現這些目標，而其中最有前景的方法之一，便是通過雲計算交付電子病歷。雲計算提供的模式不僅更快速、更靈活、更高效，也更經濟、更安全。以下我們來看看中國有哪些企業已經進入這個行業。

（1）阿里健康雲

阿里雲是阿里巴巴集團旗下雲計算品牌，創建於 2009 年。2010 年，阿里雲對外開放其在雲計算領域的技術服務能力。使用者通過阿里雲，用互聯網的方式即可遠端獲取巨量計算、儲存資源和大數據處理能力。

阿里健康雲則是阿里雲下面專門在互聯網醫療開闢的解決方案。2015 年 4 月 1 日，阿里健康雲醫院正式上線，被定義為「整合醫療全體系、全鏈條資源，提供全方位醫療服務的網路平臺」的「醫蝶谷」正式與廣大醫生見面。「醫蝶谷」的業務範圍很廣，除了在基礎醫療板塊外，還包括醫生、醫療機構、患者、醫療保險、健康管理、雲藥房、檢查檢驗等一系列環節。「醫蝶谷」主要目的在於大力吸引基層醫療機構，有效地為基層醫生提供機會，搭建分級醫療機構間的轉診平臺。

阿里健康CEO王亞卿強調，「醫蝶谷」要做的並不是傳統的醫院，而是為醫生提供一個平臺。在這裡，平臺與醫生完全平等，達到一個互利互惠的共生關係。醫生可以在「醫蝶谷」中通過自己的優質診療服務獲得患者的好評，從而提升自我價值。同時平臺與實體機構打通，支援醫生多點執業，力求線上線下共同發展。此外，按照王亞卿的預期，雲醫院也希望能為醫生多點執業增設入口：「雲醫院平臺希望能幫助中國醫生建立個人平臺，而不是一個為醫療機構打工的醫生。」

　　顯然，健康領域在阿里未來願景中有非常重要的地位，另外，健康業務與雲計算在未來的緊密結合度會成為布局互聯網醫療的核心競爭環節之一。

（2）騰訊健康雲

　　騰訊雲從遊戲起家，不僅在遊戲上做了非常多的探索，還提供了很多增值服務。騰訊雲的主要特點是開放生態，騰訊雲的主要目的則在於通過騰訊連接終端使用者的能力，將合作夥伴、騰訊雲的客戶和最終的使用者連接在一起，打造一個雲端生態。

　　在2015年兩會上，馬化騰提交的議案中，建議借助社會力量優化網路掛號業務，設立國家層面的「中國大腦」計畫。在醫療方面，馬化騰特別建議政府將互聯網接入當前的醫療體系，全面提升醫院的資訊化水準，取消部分地區對網路掛號的限制，逐年加大醫院在網上掛號的比例，解決民眾看病貴看病難的問題。

　　騰訊一直以來是社交領域的大老，現在進軍醫療領域，恰好借助這一優勢開啟了智能醫療的第一步：微信掛號。到目前，中國已經有超過1200家醫院導入以微信為平臺的騰訊「智能醫療」解決方案，有近100家醫院採用微信做全流程的就診，超過120家醫院支援微信掛號，服務累計超過300萬的患者。

2014 年上線的微信智能醫院，以「公眾號 + 微信支付」為基礎，結合微信的移動電商入口，以及使用者身份識別、數據分析、支付結算、客戶關係維護、售後服務與維權等環節，優化醫生、醫院、患者以及醫療設備之間的連接能力，簡化整個就醫流程。

（3）百度健康雲

2014 年 7 月 23 日，北京市政府、百度與智能設備廠商和服務商聯合發布了「北京健康雲」。據百度雲首席架構師侯震宇介紹，北京健康雲平臺包括三層架構：感知設備層、健康雲平臺層和健康服務層。侯震宇說：這三層是從底層到中層，再到上層的遞進關係，最終完成對用戶健康狀況全生命週期的跟蹤。目前，已有智能手環、血壓計、心電儀、體重秤、體脂儀等八款設備導入，部分是百度智能硬體「dulife」旗下品牌。

據瞭解，使用者先要通過設備即時監測到自己的健康數據，當這些健康數據上傳到雲，在大數據分析的基礎上，可為用戶提供減肥瘦身輔導、健康管理諮詢、遠端心電監測等健康服務。

百度副總裁李明遠在接受採訪時表示：在「移動互聯網 + 雲計算 + 大數據」時代，創新的方向是「軟體 + 硬體、線下 + 線上」結合在一起的創新。這也是百度的方向。通過可穿戴設備，雲計算、大數據處理能力和專家團隊服務，形成了健康雲的完整架構，在這一平臺上，可以為每一個使用者免費建立數位健康檔案，提供全面的健康管理。

百度最大的優勢在於其大數據。作為一個搜尋引擎，百度已經累積了大量的數據，在這個基礎上，數據的應用場景將變得極具想像力。如疫情監測、疾病防控、臨床研究、醫療診斷決策、醫療資源調度、家庭遠端醫療等方面。百度在醫療行業要實現的是真正完成互聯網的「連接人與服務」。

（4）京東健康雲

京東健康雲能夠記錄使用者健康數據、生成個人健康檔案，為使用者提供個性化 的醫療建議等服務。作為京東智能雲的重要組成部分，用戶可通過健康雲打通個人健康通道，享受全方位的健康服務。

據瞭解，智能硬體設備通過與京東健康雲連接，可廣泛應用在生活的方方面面。如，早上出門晨練，智能運動手環可自動記錄各項數據，通過智能分析制定有效的運動瘦身計畫；早餐時間，結合近期的運動數據及身體狀態，定制健康食譜；工作久坐，通過振動提醒運動時間到了；結束一天的工作回到家，站在智能體質測試儀上，關於身體的十大指標立刻同步到健康雲；夜晚入睡時，健康雲還會自動感應睡眠狀態，並根據長期睡眠品質的變化，改善睡眠狀況。

此外，硬體設備提供商可通過健康雲平臺接入感知設備，提供使用者身體指標 數據，存儲於京東健康雲；健康服務提供者可根據健康雲的使用者數據提供醫療保健、運動健身等相應服務。

目前，京東健康雲已與康諾雲、Latin、咕咚運動、體記憶、糖護科技、Hiwatch、Goccia、美顏空氣淨化器等國內外幾十家健康類可穿戴設備廠商在運動、睡眠、血壓、血糖、體質成分、心率、位置服務等多個領域達成合作。

（5）春雨健康雲

春雨移動健康公司成立於 2011 年，推出的移動醫療 App「春雨掌上醫生」目前已涉及健康諮詢、家庭醫生、預約掛號等功能，這是一款「自查＋問診」的健康診療類手機用戶端，用戶可通過「春雨掌上醫生」，查詢有可能罹患的疾病，免費向專業醫生提問。

目前的春雨正在建立 EHR 模型，即 electronic health record，使用者電子健康檔案。「EHR 可以被看作健康大數據，它由即時健康流數據、

歷史疾病數據、體檢及基因檢測數據和健康消費行為數據四大塊組成。」
春雨移動的 CEO 張銳認為，EHR 是未來醫患溝通的作業系統，通過
EHR，世界上任何地方的醫生都可以對用戶進行有效的健康干預和健康
指導。

EHR 模型的主要邏輯和操作方式是「春雨醫生 + 解決方案廠商」合
作，推出產品服務套裝。比如首次合作的「益體康」是做移動健康監測
終端和技術解決方案，在和春雨的數據介面打通後，春雨平臺上的醫生
可以從「益體康」的設備中得到參考數據，如心率圖、血壓、血糖等。

前期搜集靠硬體，後期的數據結構化則由春雨醫生團隊自己來完成，
方案是根據現有的慢性疾病分類出不同用戶群體，將群體使用者背後的
數據標準化（表 3-1）。

春雨醫生創始人張銳介紹，現階段還主要是根據醫生的需求來組合
數據，比如某一科的醫生在問診同類型病人時候，希望每一個病人背後
提供的數據都是一樣結構的，這一點從某種程度上來說減少了醫生的操
作成本，比如需要長期檢測的數據，後臺會為醫生提供波形圖等，或者
當患者身體指標出現異常時，會提醒醫生，使得之前無法長期監測並做
出反應的數據有了去處。

表 3-1 按慢性疾病分類的用戶群體

高血壓患者─心血管科、內科醫生	糖尿病患者─內分泌科、內科醫生	心臟病患者─心血管科、內科醫生	女性 - 婦產科、營養科醫生	兒童─兒科營養科醫生
+ 血壓	+ 血糖	+ 血壓	+ 睡眠	+ 運動
+ 脈搏	+ 血壓	+ 血氧	+ 運動	+ 體重
+ 運動	+ 血氧	+ 脈搏	+ 體重	+ 睡眠
+ 體重	+ 運動	+ 心電	+ 體脂	+ 體溫
+ 體脂	+ 體重	+ 運動		
	+ 體脂	+ 體重		
		+ 體脂		

第四章

多種模式疊加

第四章

<u>多種模式疊加</u>

可穿戴設備是一類很特殊的產品，它橫跨的是消費電子和穿戴這兩個成熟與不成熟的複雜行業，同時在此基礎上滿足消費者的個性需求，例如便捷、獲得健康的生活方式等功能。但如何圍繞可穿戴設備建立起可持續發展的業務，才是科技公司真正需要解決的問題。

「設計」被吹捧為可穿戴設備成功的秘訣，但若沒有正確的「商業模式」，設備的銷量最終是無法達到如你預見的那樣起飛的。在可穿戴設備領域可能出現的各種商業模式中，多種模式的疊加[1]會在很大程度上成為未來一些巨頭企業的主要商業模式。

比如谷歌，既有自己的谷歌眼鏡設備，也有 Android Wear 可穿戴平臺，以及谷歌 Fit 健康數據雲服務平臺；蘋果也類似，有 Apple Watch，以及與之配套使用的多款應用，還有在健康領域的 HealthKit 和 ResearchKit。

在這裡，谷歌眼鏡不但可以形成純硬體盈利模式，還能在大數據的基礎上延伸出多種商業模式，比如通過投放到智能眼鏡上的廣告盈利，與企業合作開展培訓、施工等。蘋果智能手錶則側重於個人健康，它除了上文提到的通過硬體與配件銷售外，還有結合兩大健康服務平臺為使

註 1 疊加效應，指若干個經濟槓桿同時作用於某一經濟活動，若協調配合得當，將使影響功能大大加強。

用者提供必要的支援，此外，搜集到的身體指標類數據還可用於醫療機構的研究。

4.1 多種商業模式疊加，打造更強大的物聯網

物聯網時代，企業若有足夠強大的能力打造一方獨立的物聯網天下，那麼特別需要對這個網中的五大關鍵要素進行把握：優質的硬體、獨立的系統、應用的開發、大數據雲端服務平臺、社交平臺。

在已經進入這個領域的 IT 巨頭裡，如蘋果、谷歌、三星等，都可以說已經把握了前面三大要素，目前已經到了大數據雲端服務平臺的搭建，但其實又未在實質上獲得突破。怎麼說呢？雖然他們都有各自的平臺，但是數據價值沒有得到充分挖掘，甚至一些硬體設備獲得的數據還存在不準確的可能，這會直接導致活躍的社交平臺的實現以及基於數據的商業價值挖掘受到影響。

而數據獲取之後的分析、建立、回饋等是建立用戶黏性的一大關鍵要素，用戶一旦沒有黏性，就很難有興趣堅持下去。而反過來社交圈如果能調動用戶的參與度，就能在很大程度上激發用戶彼此想要去往更加熱鬧地方的心理和行動，可以說社交不是目的，而是一種必然的結果。

對於這些世界級 IT 大老們，他們在不缺錢不缺人的情況下，肯定是野心勃勃，對即將到來的物聯網時代，他們所起到的推動作用將會被歷史銘記，而同時，他們也會因為首先加入這一陣營而虧損或者獲益。物聯網時代不再只是簡簡單單的硬體之戰，而是數據之戰、平臺之戰，就像智能手機時代的 iOS 和 Android 兩大陣營一樣，系統才是決定輸贏的根本武器。

在智能手機時代，谷歌雖然錯過了智能手機，似乎只為這個領域貢獻了一個叫做 Android 的作業系統，但在物聯網時代，谷歌的布局已經

延伸到可穿戴設備、智能家居、無人車等各個領域，而最先發布的專為智能手錶打造的 Android wear 平臺使得我們看到，谷歌將不會再缺席物聯網時代的任何一個領域。不過在筆者看來，系統平臺的下一個趨勢就是開放、融合，比如蘋果、谷歌、微軟、三星等都會有自己主導的系統，但這些系統的後臺會在某種程度上實現連接、共享。

物聯網時代，IT 界「大老們」先天的優勢使得他們可以多種模式疊加的商業模式進入其中，但對於一些初創公司而言還是難以做到的，因為這裡面所投入的成本是一個初創公司難以承擔的。我們能在國內外的各大眾籌 [2] 網站上看到很多智能科技領域內的初創公司，他們在前期由於沒有原始資金，往往是通過眾籌的方式獲得第一筆供他們開發產品的資金，這也就是我們當前所看到這些創業公司基本以硬體本身的銷售獲取收益的根本要素。另外，大部分產品的技術含量和產業鏈組合都不複雜，換句話說就是一些輕智能產品，越複雜對他們來說技術難度越大，另外成本也越高，因此，失敗的可能性也就越大。

因此，就商業模式而言，初創公司往往以打造爆品 [3]，銷售純硬體的方式實現成本回收以及盈利，或達到吸引資本方的目的。他們的進步往往還只能圍繞硬體打轉，比如改善產品的外觀，讓它變得更時尚，佩戴更舒適，或者升級產品的內部配件，使續航更長久，獲得的數據更準確等。而對於大數據分析、平臺搭建這些事，他們往往是力不從心，或者說沒這方面的思考。所以，對於這類性質的公司，沒有必要追求多種模式疊加的商業模式，他們可以僅僅只做硬體，然後嫁接在其他的大數據平臺上，比如微軟的 Health Vault 就開放可以供各類健康應用上傳數據；或者專門做醫療類健康數據的分析研究，然後再通過這些數據與一些機構，如醫院、保險等合作。

註 2：眾籌 (crowd funding)，群眾籌資，也可稱為群眾募資或公眾募資。
註 3：爆品，大陸流行用語，意即爆紅的產品。

4.2 單一模式機會大

如上文所述，最強大的盈利模式顯然是多種疊加的商業模式，但這並不是一種普適的商業模式，簡單一點說就是並不適合於一般的創業團隊。這種模式更多的是適用於巨頭類的企業，因為牽涉到的環節多元、複雜，不僅需要大量的人才，更需要大量的資金。而對於創業者們而言，類似於通過智能硬體銷售獲利的這種單一模式是種不錯的選擇，不過並不是延續智能硬體單品的路線，主要有以下幾方面機會。

① **以細分市場切入，建立系統平臺。** 如針對智能手錶、智能手環、智能服裝、智能鞋子、智能箱子等這些垂直細分領域的市場建立系統平臺，相對來說技術難度低，並且在聚焦的情況下容易更好地優化系統。

② **以產業鏈環節切入，建立產業鏈技術。** 如語音交互、電池、智能面料、感測器、晶片等產業鏈技術的一個環節上切入，集中資源形成技術優勢，不過這適合於具有一定技術基礎或資源的團隊。

③**以應用領域為導向，成為方案解決者。** 如 App、演算法、技術方案、製造等方面，其中還包括專門為相關創業者提供眾籌策劃與設計等，主要是圍繞產業鏈的服務環節，形成自身獨特的優勢為行業的相關企業提供解決方案。

由於整個可穿戴設備產業處於快速發展期，各種技術、產品等都還處於不斷更替的狀況，因此，切入產業鏈的任一環節，伴隨著產業發展所不斷釋放出來的空間和產業發展的勢能共同成長，對於創業者們來說會是個非常不錯的選擇。

第二單元
經典案例剖析

案例／Fitbit 智能手環

Fitbit 在一開始就用了消費者能聽懂的話來定位自己的產品，簡單
直接地告訴消費者「我是誰」——我是智能手環，是運動手環。

案例／耐吉

耐吉基於運動品牌鮮明優勢，搭建可穿戴設備的垂直應用平臺，讓
我們看到了可穿戴設備的未來正朝著細分、垂直的生態圈方向發
展。

案例／谷歌眼鏡

谷歌有野心進入交通行業、地圖行業、旅遊行業、廣告行業、流行
媒體行業……但就是做的事情太多，反而帶來諸多的疑惑！

案例／ Oculus VR

給用戶帶來的是一種沉浸式的體驗感受，可以在最大限度上排除外
界干擾，讓用戶「身臨其境」地進入遊戲角色來體現虛擬世界中的
自我價值。

第五章

Fibit 智能手環

第五章

Fibit 智能手環

　　在市場調研機構 IDC 公布的 2015 年第一季度可穿戴設備市場報告中顯示，Fitbit 繼續保持全球可穿戴設備領導者的地位，第一季度發貨量達到 390 萬件，同比增長 130%，占市場份額高達 34.2%。

　　2015 年 5 月，智能腕帶製造商 Fitbit 向美國證券交易委員會遞交了 IPO 材料，準備通過 IPO 籌集 1 億美元的資金。

　　據招股書顯示，2015 年前三個月（截止 2015 年 3 月 31 日），Fitbit 營收為 3.37 億美元，淨利潤為 4800 萬美元。在 2014 年間，Fitbit 銷售出了 1090 萬件智能手環，營收 7.45 億美元，淨利潤為 1.32 億美元，與 2013 年相比，Fitbit 的業績有了巨大進步，營收翻了一倍多，在盈利方面還扭虧為盈。

　　整個 2013 年，Fitbit 的營收為 2.71 億美元，淨虧損則為 5200 萬美元。而在 2012 年，Fitbit 的營收只有 7600 萬美元，淨虧損則為 400 萬美元（圖 5-1）。

　　據瞭解，目前 Fitbit 的用戶群體大約有 9500 萬，包括了擁有年卡的會員、有可穿戴設備的使用者、有 Fitbit 帳戶的用戶、在 Fitbit 數據中心上傳過個人數據的用戶。Fitbit 同樣將擁有 FitStar 會員資格的人納為公司的活躍用戶。根據 2015 年 3 月，Fitbit 發布的個人訓練用戶數據顯示，其 App 在 Apple iOS 平臺上就已經擁有 200 萬用戶。

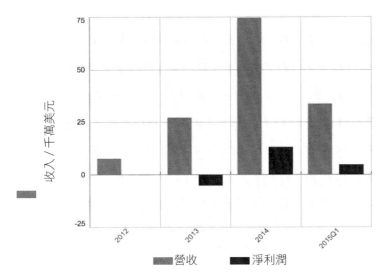

圖 5-1 Fitbit 2012 ～ 2015 年營收狀況

2015 年 6 月 18 日，Fitbit 在紐約證券交易所成功掛牌上市，開盤價 30.4 美元，較 20 美元的發行價上漲 52%。

那麼問題來了，賣手環賣到了上市，Fitbit 究竟做了什麼？我們先來大致瞭解一下 Fitbit 的成長之路。

- 2007.10 Fitbit 正式建立。
- 2011.10 發布首款設備 Fitbit Ultra。
- 2012.01 獲 C 輪融資 1200 萬美元。
- 2012.04 發布智能體重秤 Fitbit Aria。
- 2012.09 發布 Fitbit One。
- 2012.09 發布 Fitbit Zip。
- 2013.05 發布 Fitbit Flex。
- 2013.08 獲 D 輪融資 4300 萬美元。
- 2013.10 發布 Fitbit Force。
- 2014 年初，Fitbit Force 爆出產品含鎳，導致使用者皮膚過敏。
- 2014.10 發布了 Fitbit Charge、Fitbit Charge HR、Fitbit Surge 三款設備。

其中 Fitbit Surge 第一款聯網手錶產品,擁有來電顯示、簡訊提供功能。

- 2014.11 Apple Store 全面下線 Fitbit 產品。
- 2015.05 正式提交 IPO 申請。

　　這家可穿戴設備公司從最初夾在身上的計步器開始(圖 5-2),在 8 年時間裡推出了十餘款可穿戴設備,並先後融資 6600 萬美元。

　　如今的 Fitbit 零售店已覆蓋了 50 多個國家,達到 4500 多家,再加網路訂購,完全可以銷往世界任意一個地方的用戶手上。根據 IBIS World 的預測數據,Fitbit 相信健康領域的這塊細分市場到 2018 年增量能達到 30 億美元。

5.1 Fitbit 商業成功的五大關鍵要素

　　在可穿戴設備領域,由於整個產業生態的不成熟,使得許多產品快速地出現,也快速地消失,而最後能真正存活下來的僅是鳳毛麟角。那麼,是什麼促成了 Fitbit 的成功呢?以下做一個簡要的分析。

圖 5-2 Fitbit Classic Tracker

（1）不能賺錢的產品不是好產品

我們來看看 Fitbit 的錢都是怎麼賺的。

一是通過產品本身賺錢。在有限的技術資源前提下聚焦細分市場、細分人群，做出相對可靠的產品，通過傳統的硬體產品銷售賺取相應的利潤，以維持公司更大的投入做出更好的產品來服務使用者。

二是通過大數據賺錢。依託於可靠的產品，哪怕是一項監測項目，只要監測準確，在為使用者提供數據監測回饋結果的同時，就能獲得大量的「有效」用戶數據，通過對這些數據進行挖掘，可以為個人、機構提供更為深度的分析、建議報告，而通過這項服務便可以收取額外的付費。

三是打造垂直化的娛樂社交圈，為布局下一步的價值增長點打下基礎。

（2）主動告知消費者我是誰

目前，關於什麼是智能穿戴產品，大部分人是沒有清晰概念的。可以說目前內業的一些從業者也很難站在消費者的角度，剔除一切專業術語，講清楚自己的智能穿戴產品到底是怎麼回事。至於目前的智能眼鏡、手錶、手環等產品之所以受關注，從行銷傳播角度來看，跟其能夠讓消費者建立比較清晰的認知有很大的關係。在眼鏡、手錶、手環等產品前面加上「智能」，大家直觀的反應就是比現在所使用的「傳統」產品要先進一點，是一種科技化的產品。如若再複雜，作為創業企業來說，通常很難承擔起一個新領域的消費者認知教育。

Fitbit 在一開始就用了消費者能聽懂的話來定位自己的產品，簡單直接地告訴消費者「我是誰」——我是智能手環，是運動手環。這同時也是一種行銷借勢，因為生命在於運動，這是地球人都知道的事情，而Fitbit 就這樣簡單地告訴消費者：我的產品就是讓你運動得更「科學」。

（3） 功能做小是王道

今天很多人做的智能穿戴產品不是功能不夠強大，而是功能太強大了，根本不適合普通消費者，因為他們難以消化，倒適合極客們把玩。「萬金油」的產品，筆者認為在現階段的中國還是不具備產業技術基礎的；另外一方面，用戶的認知與接受度也還不夠。

Fitbit 作為美國最早一批進入智能穿戴領域並使其商業化的企業，就在運動健康這個細分市場聚焦幹，而且還繼續圍繞運動健康這一細分市場垂直細分。如運動和心率結合，運動與睡眠結合，不僅沒有把「萬金油」的功能進行疊加，而是反其道而行之，把這些能砍掉的功能統統都砍掉了，直到最少為止。在當前整個產業鏈技術不太完善的條件下，功能越少，產品的問題就越容易控制與解決，性能也相對容易提高和保障。

（4）聚集細分市場

聚集這件事情，說起來容易做起來難，因為它與人性的貪婪、求大是相違背的。

而 Fitbit 洞察到了一點，即唯有真正的聚焦才能快速地吸引用戶，打造市場，所以在其創業的路徑裡，選擇了高度聚焦在以手環為核心的運動健康監測上。不僅如此，還在此基礎上採用漸進式的升級開發方式，不斷滿足使用者的期待，這點與 iPhone 比較類似。

Fitbit 聚集後的結果就是在美國的健身運動追蹤類市場中占有率達到70%，處於絕對的領導地位，或者說得更直接一點，就是壟斷。而這樣的商業地位一旦形成，要想不賺錢，那都很困難。

（5）數據價值形成

大部分智能穿戴行業的從業人員，在思考商業模式的時候都會想到一個模式，那就是智能穿戴設備所採集數據的商業價值。

但我們的很多產品，品質有待提升，用戶戴不了多長時間；再加上數據過於碎片化，導致所採集的數據大部分只是一堆占空間的垃圾數據。

這樣一來，難免致使整個數據獲取和應用進入惡性循環，原本如果有足夠的數據，便能很好地支援與修正演算法，讓監測越來越準，並據此給用戶提供精準的建議，令用戶黏性越來越高。但現實的數據獲取困境，以及由此引發的監測不準， 卻只會導致被用戶拋棄。由此一來，演算法的修正也就越來越偏向理論，帶來的結果就是用戶黏性也就越來越差。

5.2 Fitbit 所面臨的風險

講完了 Fitbit 這五條賺錢的商業秘笈之後，接下來再和大家探討一下其所面臨的風險。

2014 年 11 月，正在 Fitbit 意氣風發的時候，蘋果零售店中全面下線 Fitbit 產品。蘋果沒有對這做法進行正面的回應，但外界猜測的原因是：Fitbit 沒有加入對蘋果健康平臺 HealthKit 的支持（至今也沒有）； Fitbit 當時推出的產品 Fitbit Surge 擁有觸控屏、8 個感測器、來電、簡訊提醒等特性與 Apple Watch 相似。

有人從這一事件中評估出 Fitbit 的主要風險來自蘋果，因為其不加入蘋果的健康管理平臺，招致了蘋果的排擠，換句話說，就是被蘋果封殺了。另外，Apple Watch 的發布也被許多人預言為初創型智能手環生產商的「世界末日」，然而，筆者卻不這麼認為。

我們先來看一組數據，根據 Slice Intelligence 獨家提供給彭博社的數據顯示，Fitbit 在 2015 年一季度的銷量並沒因蘋果新產品而受到任何影響。除了 Apple Watch 發布後的首周外，剩下大部分時間裡，Fitbit 的實際銷量甚至是要超過 Apple Watch 的。

從目前 Fitbit 整體的發展方向以及蘋果對 Apple Watch 定位等方面來做判斷，我認為 Fitbit 在開始時對蘋果採取的策略是正確的。

　　一方面，Fitbit 之所以會與蘋果分手，核心原因就是平臺之爭。而 Fitbit 也只有形成自己的平臺並且開放給開發者，才能保持和保證自己的成功。

　　為什麼這樣講呢？一來 Fitbit 這樣做能吸引用戶與創客[1]的關注，並借此進行二次開發，來增加更多的使用樂趣；二來通過這些開發者，Fitbit 可以從中獲取更多的創意與靈感，以不斷完善其產品，向使用者提供更為可靠、貼心、獨特的服務，這也是至關重要的。而數據掌握問題，只是一個水到渠成的問題而已。

　　另一方面，我認為 Fitbit 與蘋果之間，目前還不會構成直接的競爭關係。蘋果當前的重心是怎麼幹掉瑞士的時裝錶，這是「大象角鬥」的市場。而 Fitbit 選擇的是細分的「螞蟻策略」，所以他們目前還不在同一個擂臺上較量。

　　最後，從功能看，Apple Watch 和 Fitbit 的用戶在短時間內不會發生重疊。Fitbit 專注的是運動垂直細分領域，而 Apple Watch 關注的要寬泛許多。根據 Slice Intelligence 的調查，僅有 5% 的人在 2013 年購買了 Fitbit 後，又再購買了 Apple Watch；而另一面，大約有 11% 的購買了 Apple Watch 的人，此後又再購買了 Fitbit。

　　基於此，我認為 Fitbit 未來最大的風險，不是來自於蘋果或者其他同類產品，而是來自於其產品本身。原因很簡單：運動健身不是剛需[2]。

　　我們來看兩個方面的人群：①對於運動愛好者來說，這東西沒啥意義。你監測不監測，我都得運動，也都會去運動，對於 Fitbit 設定的每日運動量，如步數、燃燒卡路里等對於經常運動的人而言，可能根本就是

註 1：創客就是 Maker，以用戶創新為核心理念，簡單的說就是：玩創新的一群人。
註 2：剛需，剛性需求的簡稱，從字義上講就是最迫切的需求，簡單地說就是人的最基本需求，如穿衣、吃飯、工作等等。

小菜一碟，因而，這部分用戶很難對 Fitbit 產生依賴；②對於非運動愛好者來說，這東西初步戴上去感覺還挺好的，就像女朋友般的貼心關懷，天天提醒你運動量不夠，但是如果用戶在 Fitbit 設定的時間裡一直完成相應的運動量後發現並沒有達到預期的效果，他們很快就會失去耐心。

《華爾街日報》專欄作家克里斯多夫・米姆斯 (Christopher Mims) 表示：「健康追蹤設備使用者中有 42% 在六個月後放棄使用。Fitbit 的增長空間在於那些還沒有使用過和拋棄這些產品的消費者。」這兩者用戶都有一個很大的特點，很容易被功能更具創新的產品吸引走，比如智能手錶。

5.3 Fitbit 的兩大出路

紅點投資人在解析 Fitbit 上市 S1 檔時認為，市面上有無數團隊在做針對性不同的運動追蹤設備，但很少有真正大規模的公司存在。同做手環的 Jawbone 可能算得上是第二大公司，但他們面臨很多內部的結構重組和員工離職的問題，而很多離職員工都去了 Fitbit。耐吉有潛力成為這個領域的第三名，但去年他們捨棄了 70 人的硬體團隊，現在只做軟體了。其他的產品都來自小團隊，還有大量集中在眾籌平臺 Kickstarter 和 Indiegogo 上。從數量和市場占有率上來看，Fitbit 的優勢顯而易見。

但即使做到了這個行業裡的第一，即使真正吃透了手環這塊市場，Fitbit 這次上市還是難免被人不看好。彭博社在一篇報導裡甚至要 Fitbit 警惕成為下一個黑莓，避免重蹈覆轍。

我認為，Fitbit 的路才真正開始，有怎樣的未來主要取決於現在，諾基亞這座大廈也不是一瞬間轟然倒塌的，所以過早地看衰 Fitbit 也沒有必要。在此，筆者給融資後 Fitbit 未來的發展布局提兩點建議。

一是做深度垂直市場，如運動教練、健身教練、瑜伽教練等，扮演教練的指導角色。一旦垂直到這個領域，技術壁壘的門檻就形成了。因為它需要通過前期大量專業的數據沉澱和教練模型才能建立起來的，這就直接把那些新進入這個領域的產品甩出十萬八千里。

　　其實 Fitbit 也在做這樣的布局，我們可以從其之前的一些動作裡看出：2012 年，推出過一款智能體重秤 Aria；在 2013 年，推出了加入小型 OLED 螢幕的健身腕帶 Force；在 IPO 前的 3 月份，花費超過 1780 萬美元收購了個性化健身教學應用 Fitstar。這款 App 能為用戶提供量身訂制的健身教程，為 Fitbit 引入了大量的用戶。

　　二是做一些戴上不會死、不戴就會死的剛需智能穿戴產品，即醫療級的可穿戴設備。Fitbit 可以在搜集的數據中分析出使用者都患有哪些疾病，特別是對那些患有慢性疾病的人群進行重點跟蹤，分析這些用戶平時的生活習慣與疾病之間的關係，在這個基礎上，為這些特定用戶打造專門的健康智能穿戴類產品。

　　Fitbit 如果融資後還是單純走在運動健身的道路上，那麼，它未來的風險系數將會非常高。原因很簡單，因為運動健身這個領域，技術門檻不高，而一旦蘋果或其他大機構轉向到這個領域發力，那麼 Fitbit 的「江湖地位」很可能就會保不住了。

第六章

Nike+ 放棄硬體專攻軟體

第六章

耐吉 + 放棄硬體專攻軟體

　　2012 年，耐吉決定將自己的業務範圍從運動服飾擴展到了健身技術，並推出了首款 FuelBand 健身追蹤器，隨後將公司研發的一系列健康追蹤應用程式與可穿戴設備的概稱為「Nike+」，包括 Nike+Running、Nike+iPod、Nike+Move、Nike+Training、Nike+Basketball 等手機應用程式（圖 6-1）以及 Nike+Sportwatch、Nike+Fuelband、Nike+Sportband 等可穿戴設備。

圖 6-1 耐吉 + APP

「Nike+」跑鞋可以通過無線 Apple Nike+iPod 運動元件與 iPod 實現資訊互通，在耐吉＋運動鞋與 iPod 連接後，iPod 就可以存儲並顯示運動日期、時間、距離、熱量消耗值和總運動次數、運動時間、總距離和總卡路里等數據。用戶也可以通過耳機或安裝 iTunes 的電腦來瞭解這些即時數據。

FuelBand 於 2012 年 2 月正式發布，並獲得了外界的一致好評。在 2013 年 11 月，耐吉又推出了這款設備的 SE 升級版。在 2013 年 8 月，耐吉宣布旗下 Nike+ 平臺中的用戶數量達到了 1800 萬。而在 2014 年 4 月，官方公布的數字已經達到了 2800 萬。隨後，耐吉還開始拓展其他的產品，如女性訓練應用 N+TC 和 Nike+ Move 等。

然而在 2014 年 4 月，耐吉卻決定徹底退出可穿戴設備市場，原因是經過慎重考慮以後，認為健身軟體應用在公司有著更加光明的前景，因此 FuelBand 和其他可穿戴健身產品都停止開發，該部門的 70 名員工都被炒了魷魚。

耐吉可以說是進入運動類可穿戴設備最早一批企業中的一個，Fitbit 做到了今天的上市，而耐吉卻似乎走向了截然不同的另一面，這是為什麼？

6.1 耐吉為何退出可穿戴硬體市場

耐吉被迫退出可穿戴硬體市場，筆者認為有以下幾方面的原因。

（1）盟友蘋果進入可穿戴設備產業

耐吉可以說是最早一批進入可穿戴設備領域進行商業化探索的企業，從它當時的市場表現情況來看，不論是從市場影響力方面，還是智能手環的實際銷售方面，或是產品的盈利方面來看，其總體表現都是相

當成功的。因此,當它宣布要退出可穿戴設備硬體產品領域時,很多人認為是耐吉傳遞了一個關於可穿戴設備產業不太行的信號。其實事實並非如此,促使耐吉退出可穿戴設備硬體領域的最根本原因是蘋果宣布進入可穿戴設備領域。

我們從耐吉和蘋果這兩家公司的董事會結構中就能瞭解,這兩家公司的關係不僅友好並且深度,而耐吉之前的產品更是依託於蘋果強大的全球行銷管道獲得了不錯的表現。因此,當蘋果宣布要進入可穿戴設備領域,並且要推出基於手腕的另外一種形態,也就是以智能手錶為載體的可穿戴設備時,耐吉就默默地選擇了退出,並轉向於做幕後的演算法監測探索。而耐吉依託於自身多年、專業、強大的運動用戶與運動產業的經驗,又一次完成了與蘋果之間的默契配合。

(2)耐吉對可穿戴設備產業鏈評估過高

顯然,作為運動領域的大牌,耐吉有足夠的實力去開發相應的個別技術去支撐起自己的產品,比如它能在運動鞋中,融合自家研發的耐吉+ForceSensor感應技術,將使用者的運動數據通過無線數據傳輸發送到其移動設備中,並通過展示功能在社交網路平臺上實現分享。但耐吉忽略了一點,一款完整的可穿戴設備,除了感應技術以外,還有電池、傳輸、交互、設計、大數據分析等不可或缺的一系列技術,而這些技術,就全球範圍內,並未形成一個有機的完整的生態產業鏈,光憑耐吉自身去獨立完成,顯然是不可能的,而且還是一種倒退。

一方面,耐吉自身的優勢在於運動服飾領域,而不在智能硬體領域,在進入智能硬體領域,從自身的技術儲備方面來看並不具備優勢;另一方面,耐吉在智能硬體領域短時間之內難以建立話語權,這與蘋果相比完全是處於兩個世界的影響力。蘋果可以借助於自身在智能產業領域的技術探索、儲備,以及自身的品牌影響力與供應鏈整合、管理能力來獲

取最優質的產業鏈技術,而在這方面耐吉顯然是弱勢。

而從目前的現狀來看,智能穿戴設備要想達到像如今的智能手機產業一樣成熟的產業鏈生態,還需要經過一段比較漫長的路。耐吉繼續選擇與蘋果合作的方式,為蘋果產品提供相應配套的智能產品或許會是個不錯的選擇,比如與蘋果智能設備配對的智能鞋或智能運動服飾等。

(3)耐吉對跨界預期過高

NPD 集團 2013 年詳細追蹤並記錄了各個數位型健身設備銷售點的市場數據,並且根據這些數據,他們進行了報導分析:在 2013 年,Fitbits、Jawbone UP,以及耐吉的 FuelBand 實體店,還有大型電子商務網站銷售出的所有的智能運動追蹤器中占據總量的 97%。從 2013 年 1 月初開始一直到 2014 年 1 月初結束的 52 個星期中,Fitbit 的設備占了所有銷售出設備 68%;而 JawboneUP 的銷售占了總銷售量的 19%;而耐吉的 FuelBand 的銷售量卻只占了總銷售量的 10%,顯然,耐吉已經遠遠地被前面兩個品牌甩在了後面(圖 6-2)。

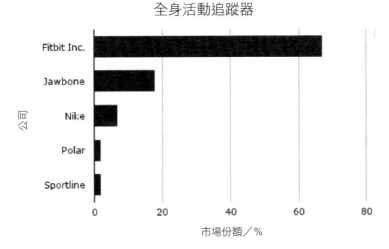

圖 6-2 NPD 的調查報告中各款主流運動腕帶的市場份額情況

另外，據消息人士透露，由於 FuelBand 硬體業務開支高昂、生產方面臨挑戰以及無力讓此業務獲得適當的利潤，因此耐吉公司內部也對此業務的發展前景和相關決策展開了討論。另外，消息人士還透露，在 FuelBand 業務的發展過程之中，耐吉公司一直未能吸納高水準的工程師人才。其實這是大部分企業所面臨的戰略決策困境，通常企業在自身原有業務發展情況良好的情況下，對於一些新興的跨界戰略的投入通常只是停留在嘗試性階段，難以為這些業務投入足夠的資源。

　　同時，耐吉所探索的可穿戴設備在行銷管道上高度依賴於蘋果的行銷管道，而當蘋果自身要進入這個領域時，耐吉的可穿戴硬體在這時可謂腹背受敵，高昂的投入加上市場份額的持續縮水以及未來前景的不樂觀性，讓耐吉不得不考慮停掉硬體部門。

（4）在軟體方面更具潛力

　　「（Nike 的）計劃並不是去銷售 FuelBand，」Stifel, Nicolaus &Company 的耐吉分析師 Jim Duffy 在談及耐吉於可穿戴市場的側重時說道，「而是去開發可供他們進行診斷分析的客戶數據庫和數據池，來讓使用者變得更加活躍，而核心產品的需求則會因此而提高。」

　　從這裡我們可以看出：第一，耐吉並非打算完全退出整個可穿戴設備市場，相反，他看到了更大的商業機會，未來，數據管理會成為可穿戴市場一個越來越重要的組成部分，因為參與者必須與協力廠商合作；第二，智能手環市場上已經有太多的競爭對手，如 Fitbit、Jawbone、Withings 和 Garmin，都已經展開了激烈的角逐，耐吉在硬體方面的優勢並不是非常突出，就技術、供應鏈和行銷而言，鞋子和健康追蹤器是完全不同的兩項業務，因此不僅投入成本高昂，勝算也不大；第三，耐吉有一個耐吉＋這樣的數位健身平臺，並且已經高度成熟，因此耐吉可能更適合作為數據收集商和應用製造商，而不是去銷售硬體，而其龐大、

專業、多年的全球領域的運動領域數據，才是價值連城。

　　耐吉對其可穿戴設備部門進行重組的目標意圖很明顯，就是耐吉
將從並不擅長的硬體開發轉向重新聚焦其所擅長的運動領域，並基於其
Nike+ 打造運動生態系統，並且聚焦於自身的優勢資源來為相關的可穿戴
設備製造商提供相應的服務。

6.2 耐吉在可穿戴領域的軟體戰略

　　2015 年 3 月，蘋果在 Apple Watch 上市前夕，將 Jawbone Up 和
Nike+ Fuel Band 兩大應用從蘋果應用商店移除。但是蘋果好像對耐吉仍
留有餘念，在蘋果的網站上將 Nike+ Watch 應用添加到了推薦的健身應
用中。這個 Nike+ Running 應用將允許 Apple Watch 用戶連接到耐吉的全
球跑步社區以及在他們的手腕上記錄跑步距離和時間等（圖 6-3）。

　　對於熱愛運動的用戶而言，Nike+Running App 是一個不錯的選擇。

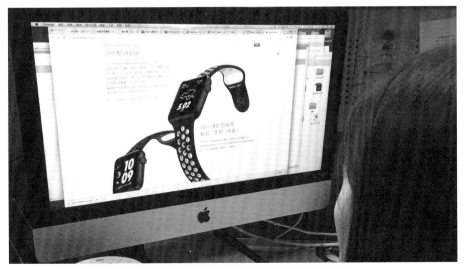

圖 6-3 Nike+ Running App

Nike+Running 在 Apple Watch 上功能比較簡單，主要就是顯示地圖、聽音樂（需在手機端添加）和顯示公里數以及時長等運動資訊，而這些資訊都可以同步到 iPhone 的運動與健身數據中去統一管理。雖然功能比較簡單，不過有了這個 App，運動的時候，用戶就不用帶著手機，可以輕裝上陣以投入最佳的運動狀態。

耐吉與蘋果在可穿戴設備方面的合作其實一直非常緊密，二者的合作關係要追溯至 2006 年，兩家公司合作開發了 Nike+iPod，這是當時非常流行的健身追蹤器。此外，蘋果 CEO 庫克一直以來都是耐吉董事會的一員，蘋果還聘請了耐吉前設計總監來負責 Apple Watch 的研發和設計，此前耐吉也和賈伯斯就 耐吉 + 有長期合作。顯然，就目前可穿戴設備的發展趨勢而言，運動健身類的產品最容易首先切入這個市場，而耐吉和蘋果，一個是運動界的大哥大，另一個是智能手機界的佼佼者，這兩者合作，可謂是強強聯合，僅借助二者的品牌影響力就可以做很多事情，更何況二者在各自領域均擁有領先的技術、服務等，因此完全有可能做一些兩家公司單獨無法完成的任務。耐吉 CEO MarkParker 在不久前也透露了他們合作計畫的一部分就是拓展可穿戴設備市場的數位前沿，發展耐吉 + 用戶群。

耐吉雖然關閉了自己的可穿戴設備研發部門，但一直還在繼續開發全新健身應用並更新現在的產品，Parker 表示，目前有超過 6000 萬用戶使用耐吉健身應用，且提到可穿戴設備對於公司的未來很重要，是耐吉品牌的中心。

耐吉和蘋果將會繼續怎樣合作我們不得而知，有可能推出新產品，更有可能只是停留在 Apple Watch 上合作，時代週刊認為，不管他們二者怎樣合作，產品最好具備下面三種功能。

（1）智能音樂管理

耐吉的 iPod 和 iPhone App 都能夠進行音樂播放控制。但蘋果的 Apple Watch 一樣可以控制 iPhone 的音樂播放，所以耐吉應該整合自家的運動品牌特性，加入智能音樂管理功能。具體來說，這項功能可以對歌曲的節奏進行劃分，根據使用者做不同的運動播放不同的音樂。比如慢跑時播放節奏較慢的音樂，而在劇烈運動時則播放節奏更激烈的音樂。如果更進一步與用戶的播放歷史和喜好結合，則會產生更好的效果。

（2）支持更多種類的運動

這很明顯，因為之前耐吉的 App 主要專注於跑步這項運動。當一款可穿戴設備可以連接上手機的網路和 GPS 數據時，便可以支援更多種類的運動。自行車和高爾夫是兩個很好的選擇，對於前者可以跟蹤用戶的運動表現和行程，對於後者，可以監測天氣。

（3）更深入地整合社交

耐吉的 App 已經整合了一些社交功能，如可以在運動上挑戰自己的好友，但 Apple Watch 的一些新功能讓社交整合能夠進一步深化。

Apple Watch 新增了一項叫「taptic」回饋的功能——聲音加上小小的振動，就像在輕敲你的手臂一樣。舉例來說，新的功能可以這樣：和你不在同一個地方的好友進行跑步比賽，可以通過振動來當信號槍，同時在你超過或是落後好友時提供振動回饋。兩人還可以通過 AppleWatch 的「你畫我猜」功能（在手錶上畫圖形就會出現在對方手錶上）來溝通。

可以預見，未來，耐吉將基於其運動品牌這一鮮明的優勢，搭建可穿戴設備的垂直應用平臺，正如谷歌在醫療領域的垂直探索一樣。谷歌的探索，耐吉的聚焦，都讓我們看到了可穿戴設備的未來正在朝著細分、垂直的生態圈方向發展。

其實總體來說，在當前「生態圈」概念大行其道的今天，耐吉與蘋果兩者之間從目前的戰略表現來看，他們選擇了分工合作的模式。將硬體方面的事情交給硬體領域的領導者蘋果來做，將運動數據方面的事情交給專業的耐吉來完成。這對於耐吉來說，其借助於軟體層面的技術專注於運動數據的處理，而這樣做的好處：一方面是可以讓自身多年沉澱的數據價值能夠最大化；另外一方面則是能夠更專注於運動領域，並且形成一定的技術壁壘。

而同樣對於蘋果來說，要想讓自身的可穿戴設備在運動監測領域有更優秀的表現，自然也離不開耐吉的幫助。因此，耐吉放棄硬體轉向於軟體與算法層面的戰略是一種非常明智的選擇，也是其商業價值最大化的有效方式。同時，對於推動整個可穿戴設備產業在運動監測方面的技術發展，將帶來積極的幫助。

Memo

第七章

谷歌眼鏡誕生的三個年頭裡

第七章

谷歌眼鏡誕生的三個年頭裡

    2012 年，谷歌 Glass（谷歌眼鏡）的誕生瞬間引爆了整個科技圈，甚至時尚界，谷歌的聯合創始人謝爾蓋‧布林戴著它走上紐約時裝周的 T 台；2013 年，谷歌眼鏡由於被懷疑侵犯個人隱私，而被禁止在西雅圖、英國等多處公共場所使用；2014 年，谷歌眼鏡侵犯隱私問題進一步升級，有佩戴者在三藩市遭到攻擊，一時間，關於谷歌眼鏡的負面消息鋪天蓋地而來，並且被大量傳播；2015 年 1 月，谷歌眼鏡探索版被宣布停止銷售，科技圈一片唏噓。谷歌眼鏡的這三年，就像是坐上了一輛俯衝而下的過山車，充滿著刺激和心跳。

    谷歌眼鏡發布的 3 年多時間裡，功能不斷豐富，涉及生活的方面，包括獲得通知及提醒、查看天氣、語音輸入、交通資訊、地圖服務、導航時自動轉向、查看興趣點、拍照、視訊通話、玩遊戲、即時翻譯等。我們能夠從這些功能中歸納出，谷歌眼鏡有野心進入交通行業、地圖行業、旅遊行業、廣告行業、流行媒體行業……但就是谷歌眼鏡要做的事情太多，反而帶來諸多的疑惑，即谷歌眼鏡到底要做什麼？谷歌要借著谷歌眼鏡成就什麼？

7.1 在消費市場的谷歌眼鏡

2012 年 4 月 4 日，谷歌在其社交網路 谷歌 + 上公布了命名為「Project Glass」的電子眼鏡產品計畫。

2013 年 2 月 20 日，谷歌向消費者放出 8000 個試用谷歌眼鏡的申請名額，申請截止日期為 2 月 27 日，但只有年滿 18 歲的美國居民才能申請，而且依舊要掏 1500 美元才行。

2013 年 10 月 30 日又在 谷歌 + 上發布了第二代谷歌眼鏡的照片。第一代谷歌眼鏡使用了骨傳導技術為用戶播放聲音，而新產品則新增了耳塞。

2014 年 4 月 10 日位於三藩市的谷歌公司宣布，於 2014 年 4 月 15 日在美國本土年滿 18 歲的美國居民開放谷歌眼鏡網上訂購，售價 1500 美元，僅限一天。

2014 年 5 月 25 日，谷歌公司向美國本土所有年滿 18 周歲消費者開放銷售探索版谷歌眼鏡，只需要登錄谷歌官網就可以購買谷歌眼鏡。

2014 年 6 月 23 日，谷歌公司宣布正式將谷歌眼鏡推向海外市場的第一個國——英國，售價約合人民幣 10000 元。

2014 年 11 月 25 日，谷歌計畫關閉銷售谷歌眼鏡的實體零售店 Basecamp，原因是大多數使用者通過網路或電話購買谷歌眼鏡，獲取技術支援。

2015 年 1 月，谷歌宣布，將谷歌眼鏡從谷歌 X 部門轉交給消費者產品部門，正式關閉谷歌眼鏡 Explorer 計畫，並退出市場。

谷歌眼鏡誕生的這幾年一直在消費市場試水溫，但走得很坎坷，不是因為外觀長得太醜被吐槽就是因為隱私問題被用戶聯合抵制。其實在推出這款產品之前，谷歌眼鏡在谷歌實驗室中已經被修正了很多次，從一開始的無形，到了今天以可佩戴的眼鏡載體方式出現。儘管上市以來

面臨了多種尷尬，但就谷歌眼鏡這次行為的本身來說就是一次市場化的測試。2015 年 3 月 23 日，谷歌執行董事長埃裡克‧施密特就表示，谷歌會繼續開發谷歌眼鏡，因為這項技術太重要了，以至於無法放棄。

　　作為可穿戴設備領域的代表性產品，谷歌眼鏡的成敗得失都被各界密切關注著，因為是它首先引爆了可穿戴設備，再則未來社會的發展趨勢是以可穿戴設備為核心載體的物聯網世界，谷歌眼鏡存在的意義已經遠遠超過了它本身存在的價值。

7.2 谷歌帽子版眼鏡劍指可穿戴設備商業化進程

　　據國外媒體報導，谷歌已經獲得了將谷歌眼鏡嫁接到帽子上的專利。根據專利圖顯示（圖 7-1），該設備由一個帽子連接器和顯示部分組成；顯示部分利用磁力吸附在帽子上，可以移動到不同的位置，也可以進行不同角度的旋轉。

　　從谷歌眼鏡誕生，並以實際應用產品進入公眾視野的那一刻起，整個可穿戴設備產業的命運似乎就開始隨著谷歌眼鏡跌宕起伏：從最開始的被大家寄予厚望，到後來引發的各種「吐槽」、爭議，甚至演變為抵制。但不論媒體或消費者怎麼看待，谷歌眼鏡作為可穿戴設備新時代開啟者的地位毋庸置疑。

　　其實，當前的谷歌眼鏡，無論在技術、形態，還是互動等方面，都可以說是一款非常精細的產品，可以說在硬體與軟體層面，都做到了幾近「極致」的體驗效果。即便如此，谷歌眼鏡還是沒有在商業化道路上有很好的推廣，這一方面與其原先的戰略意圖並不在於銷售產品，而在於引爆產業有關；另一方面則是由於應用場景中的大數據缺失，不能有效支撐谷歌眼鏡的價值發揮。以致現在在很多人眼裡，谷歌智能眼鏡失敗了，但在我看，其實不然。

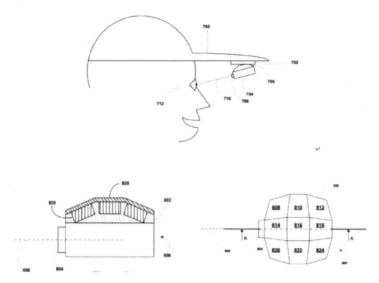

圖 7-1 谷歌帽子版智能眼鏡

　　在智能眼鏡被谷歌從它的 X 部門拿出來時，並不是以模型的方式，而是以實際可使用的產品形態出現在我們面前。而在谷歌將智能眼鏡展示出來之前，公司內部已經歷過無數次的失敗。從關於智能眼鏡的一個 idea，到最初如同原始電腦一般笨重到讓人無法佩戴的成品，然後經過多次的更新升級。而在這個過程中，每次的更替還不一定都會成功的，也不一定都有大的跨越，更多的可能只是一點一點的小進步。但谷歌一直沒有放棄，用超過一般企業家的毅力支持著這個「夢想」的發展。

　　我們之前看到的這款谷歌產品，是谷歌在智能眼鏡這個項目研發過程中的一個版本而已。而在那個時間點，谷歌向全世界宣布並展示了這款智能眼鏡產品，只是基於其對整個科技發展趨勢的判斷，也就是物聯網時代即將到來，智能穿戴產業將會進入風口期[1]。於是，順勢而為推出谷歌眼鏡，一方面引爆產業，另外一方面進行商業級的實際測試。

註 1： 風口　創業需要抓住好的時機，順勢而為。大陸有一句朗朗上口的經典名言：「站在風口上，連豬都會飛！」

谷歌眼鏡的戰略意圖從最初進入普通消費級市場進行測試，包括在媒體、教育、社交、影視等領域的探索；之後在遠端醫療，包括開放英國市場進行試用，到最近在企業級領域的應用探索等行為來看，谷歌一直在為智能眼鏡尋找一種最佳的商業化方式。

　　與之前在 X 部門不同的地方在於，之前谷歌一直憑藉著其內部的優秀科學家對產品的「完美」構想與追求進行更替。但是，要想實現顛覆性的商業化價值，那就還需要對產品進行實際應用場景的探索，一方面可以借此清晰地知道谷歌眼鏡涉及顛覆的領域有多寬；另一方面能夠知道在這些不同場景、領域的顛覆過程中，其產品所要滿足的技術要素有哪些。

　　我們當前看到的這個關於谷歌智能眼鏡的最新專利，正是基於之前谷歌眼鏡在市場上的測試所更替出來的最新版本。如果說之前的谷歌眼鏡在形態上受到了「眼鏡」的局限，讓一些並不喜歡佩戴眼鏡的人群難以接受這樣的形態，那麼這次的改進則是讓智能眼鏡化「有形」於「無形」，以便讓更多非眼鏡佩戴偏好者也能愛上可穿戴設備。

　　作為可穿戴設備產業的引路人，谷歌明白：基於眼鏡的可穿戴設備應用場景與商業價值將遠超當前的智能手錶、智能手環。也就是說，在可穿戴設備產業中，當前最火爆的智能手錶或者智能手環其實是應用場景最小的一類產品，智能眼鏡、智能服飾將會是接下來體外可穿戴設備的一個重點爆發市場。尤其隨著新谷歌公司架構的誕生，必將進一步加速智能眼鏡產業的爆發；同時還將吸引更多的創新力量進入，共同搭建應用場景與大數據平臺，促進整個可穿戴設備產業的商業化進程。

7.3 在企業市場的谷歌眼鏡

　　谷歌眼鏡，這款在消費市場頻頻受挫的智能穿戴設備，最近被科技

博客 9to5 谷歌爆出下一階段的戰略部署將轉向企業市場，無論這則新聞是否屬實，有一點是可以肯定的，谷歌眼鏡在企業市場試水溫期間，一直很受歡迎。這種帶著強烈回應的接納對於在消費市場屢遭嫌棄的谷歌眼鏡而言，顯得格外重要和受用。同時也折射出了消費市場對於可穿戴設備的期待。

谷歌眼鏡探索者項目在2015年1月被停掉後，經過半年時間的調整，轉而出現向企業市場發力的跡象，這可能會成為未來谷歌眼鏡在消費市場制勝的關鍵一招。何出此言？聽筆者慢慢道來。

（1）可穿戴設備企業市場的明天有多美

根據美國聯邦勞工統計局2012年的數據，大約4600萬美國人從事的行業，需要可穿戴設備的協助。而到了2022年，這一數字將增長到5200萬人。這還僅是美國，如果從全球市場來看，這個數字將會是個非常龐大、誘人的數據。

市場研究公司 Forrester Research 的一項最新研究顯示，全球68%的受訪企業都對可穿戴技術持歡迎態度，表示「會優先考慮」將可穿戴產品引入公司，這一數字與2010年的移動化情形形成對比，當時只有43%的企業將雇員使用移動設備設定為首要或高優先順序。而在個人消費品市場，調查數據顯示，僅有45%的成年人對可穿戴設備有興趣。從數據中，我們可以看出兩個市場對於可穿戴設備的興趣度以及接受度都形成了比較鮮明的反差。

其實無論是電腦、智能手機還是平板電腦，在市場開拓前期，企業向來具有「身先士卒」的精神。據瞭解，在移動浪潮初露端倪之際，企業市場就已經開始在辦公中引入並普及了各類前沿技術。在智能手機時代，黑莓的商務手機，曾經出現在每一個企業高管的手中，而在可穿戴設備時代，各種形態的可穿戴設備也很有可能會首先出現在媒體、醫院、

學校，甚至製造工廠、戶外高危環境等各種工作人員的身上。以波音公司為例，他們的一些工程師，開始拋棄部分製造業務中所需要的傳統指令手冊，只需要佩戴智能眼鏡，就能夠快速獲得手冊內容。

市場研究機構 Gartner 的一份研究報告表明，使用谷歌眼鏡或類似設備的企業將會在 3 ～ 5 年時間裡為公司節省 10 億美元。特別是技術修理、醫療保健和製造行業，不需雙手操作訪問互聯網、攝影機和視訊通話這些功能將會派上大用場。美國一家名為 Dignity Health 的醫療機構在使用谷歌眼鏡即時記錄問診過程後，醫生用於輸入數據的時間比例從 33% 降低到 9%，與病人溝通的時間比例則從 35% 增至 70%。

在此，企業相較於個人，往往具有更前瞻的商業視野以及更靈敏的商業嗅覺，只要這些新技術、新產品能為企業帶來提升效率、節約成本等好處，做那第一個吃螃蟹的人又何妨。

另外，據普華永道（PWC）對 1000 名美國成年人進行的一項研究表明，77% 的受訪者認為可穿戴技術最重要的好處是它可以發掘自身潛力使自己的工作更有效率。46% 的受訪者認為公司應該為其員工投資可穿戴設備。

Forrester Research 分析師 JP Gownder 也指出，業務可以使用智能手表以及其他可穿戴設備增強數據分析。他在報告中寫到：「在未來，認知電腦（如 IBM 的 Watson）以及音控智能代理（如 Siri、Cortana 或者谷歌 Now）與可穿戴設備一起使用，將增強人類在實地中的技能，幫助他們識別並應對特定問題。」

顯然，企業和員工雙方都樂於將可穿戴設備引入自己的工作場景。於谷歌眼鏡而言，企業市場不但是藍海，同時也是一座練就它火眼金睛般高端技術的「煉丹爐」，但不是把誰丟進「煉丹爐」都能練出一雙火眼金睛的，也很有可能是一堆白骨，而無論其中的風險有多大，也不及谷歌眼鏡繼續冒險進入消費市場的風險大，畢竟圍繞谷歌眼鏡的負面輿

論已經形成了沉默的螺旋效應。由此，不管是出於對時代大背景下企業巨大市場前景的戰略布局，還是由於當前在消費市場受困而出的緩兵之計，谷歌眼鏡在此時選擇進入企業市場都是明智的。

（2）企業市場：化整為零 逐個擊破

相比消費市場，企業市場最大的特點就是每個企業都有自成一體的業務模式、工作方法、類型員工等，換句話來說，企業市場是可以根據不同的特點分割成多個部分，甚至是點，然後再逐個擊破的。

谷歌在前期將谷歌眼鏡推向消費市場的同時，也在進行企業市場的探索。2014 年 3 月，一家名為 Augmedix 且專門為醫院及醫生辦公工作開發谷歌眼鏡應用的初創企業獲得了一筆總值為 320 萬美元的風險投資。道瓊斯將其稱為「第一次面向谷歌眼鏡專用應用開發廠商的公開投資活動」，這一投資行為讓人們對於谷歌眼鏡在企業領域的應用有了更多的期待。

2014 年，谷歌開始啟動了一個名為「Glass at Work」的項目，這個項目的主要目的就是為企業開發專門的谷歌眼鏡應用，用於幫助企業改善工作環境，提升工作效率。2014 年 6 月，谷歌宣布了首批 5 家「Glass at Work」認證合作夥伴，分別為 APX、Augmedix、Crowdoptic、GuidiGo 和 Wearable Intelligence。

APX 實驗室為谷歌眼鏡開發了一款名為 Skylight 的商務軟體，主要用於幫助人們在工作中快速訪問即時的企業數據。

Augmedix 開發的谷歌眼鏡 App 能讓患者的基礎數據數據，如心率、血壓、脈率等顯示在醫生佩戴的谷歌 Glass 上。

CrowdOptic 則被用來檢測來自移動和可攜式裝置的廣播事件，為體育和娛樂節目的參與者提供互動內容，該平臺已被使用在 NBA 印第安那步行者隊的比賽中。

GuidiGo 側重於為博物館和其他文化機構的訪問者提供更豐富的體驗，如通過講故事的方式幫助來訪者獲得相關背景知識，瞭解文化與藝術。

Wearable Intelligence 開發的應用 Glass ware 則集中在能源、醫療保健和製造業領域。

我們從這五家「Glass at Work」認證合作夥伴所開發的應用性質可以看出，它們分布在各個領域以及不同種類的工作中。這些應用都有著相當明確的專業實用性，使用者往往需要一定的專業素養。例如全球最大的油田技術服務公司斯倫貝謝（Schlumberger）就與 WearableIntelligence 合作為技術人員開發了專用的谷歌眼鏡應用，幫助他們快速獲取需要檢查的物品上的具體資訊，大大提升了工作效率。

谷歌眼鏡雖在消費市場被各種驅逐，但在企業市場可謂一路飆紅。據瞭解，「Glass at Work」項目目前已經吸引數十個合作夥伴參與，他們正在為谷歌眼鏡開發各種應用，谷歌的一名發言人稱將會繼續向「Glass at Work」項目投資，尋找更多企業開發商。負責為谷歌眼鏡提供認證的 APX Labs 的聯合創始人兼首席執行官布萊恩·鮑拉德（Brian Ballard）表示，銷售給企業的谷歌眼鏡正在變得越來越多。他透露，在企業市場，谷歌眼鏡每個季度的增長率都高達數倍，簽約的客戶包括許多大品牌，如飛機製造商、汽車製造商、電力公司以及電信公司等。2014 年 11 月，APX Labs 宣布與波音公司達成協議，與其共同開展谷歌眼鏡飛行員計畫。

谷歌眼鏡能在企業市場如此吃香，不代表它原先打算進入消費市場是戰略失誤，反而恰恰說明了它能滿足用戶個性化需求的這種實力。在面對企業客戶時，谷歌眼鏡有非常清晰和明確的服務要求，根據不同的要求，谷歌眼鏡可以「72 變」，變成客戶喜歡滿意的樣子。對於谷歌這種實力派的選手，技術往往不是最大的問題，不瞭解客戶的心意而引發其負面情緒才最頭疼，之所以在消費市場敗下陣來，很大一部分原因就

在於還沒摸清消費者真正需求。

企業市場這種可以進行點對點服務的先天優勢，終於不讓谷歌眼鏡那麼受傷了，由點至面贏得全面勝利。

（3）谷歌眼鏡版的「農村包圍城市」戰略怎麼玩

谷歌將開發谷歌眼鏡的專案命名為「谷歌 Glass Explorer」是有原因的，單詞「Explorer」就足以表明谷歌在谷歌眼鏡上的一切行動都不過是一次嘗試、探索，只是結果恰好不怎麼樂觀而已，但既然是「探索」階段，那麼就完全有機會重新調整戰略，再來一次。

① 先點火 再造勢

可穿戴設備在企業領域的市場有多美，從上文的分析中大家是有目共睹的。然而，就目前整個可穿戴設備的發展格局來看，大家還是偏向於往消費者市場擠，瞧瞧全球各大眾籌網站就知道，大大小小的玩意兒都是給各種愛好的人士研發的，雖然在這一過程中不斷地有創業者失敗，但從整個可穿戴設備的產業發展層面來 看其勢頭越來越猛烈。

谷歌也是如此，它有個很大的特點，那就是財大氣粗，啥都敢第一個上，當然，人家也不是盲目地拔頭籌，而是有戰略性與前瞻性的。谷歌眼鏡曾經在消費者市場與企業市場同時進行試水溫，結果一正一負，消費者市場簡直是連推帶踹，而企業市場則是盛邀相迎。

「Glass at Work」項目當前的發展勢頭相當不錯，谷歌現在要做的就是借這個項目之勢，打造可穿戴設備企業市場的生態圈，而目前這個生態圈已經初步形成。首先，谷歌擁有自己的智能硬體——谷歌眼鏡，是目前同類產品裡最優性能的產品；其次，谷歌擁有自己的可穿戴設備系統——Android Wear；最後，也是最關鍵的，有越來越多的買賣雙方加入，即更多的應用開發商願意加入「Glassat Work」項目為不同的企業開發專門的谷歌眼鏡應用，另一方面更多的大牌企業嘗到了這一服務的甜頭，

願意購買谷歌眼鏡以及相應的問題解決方案，這樣買賣就成了。

任何一個領域，健康的生態圈一旦被建立起來，其他的都不過是時間問題。

② 先信心 後期待

谷歌當初推出「Glass at Work」項目其中的一個目的是借谷歌眼鏡在企業市場的正面資訊救平其在消費者市場的負面資訊。然而，此刻「Glass at Work」項目意義則變得更為重要，不僅是消解負面資訊，而是要進一步激發消費者對谷歌眼鏡的信心，甚至充滿期待。

正所謂沒有九九八十一難，哪取得來真經？谷歌眼鏡原先的探索相比這次在企業市場的探索，簡直小巫見大巫。我們根據以往個人電腦時代和智能手機時代發展的經驗可以知曉，可穿戴設備市場最重要的科技進步，無論是硬體還是軟體，將會來自企業市場。

進入企業市場，不但意味著谷歌眼鏡要攻克「服務定制化」難題，同時還有一個重要的問題就是「資訊安全」。企業引進可穿戴設備的主要目的就是簡化工作流程，提升效率，因此他們對設備提出的要求相比消費者提出的會有所差別。

比如由於使用頻率、強度、環境不同，都會要求設備在硬體方面的配置要夠「硬」夠「豪」。據媒體報導，谷歌眼鏡為了進入企業市場，首先在硬體上做了比較大的調整，下一代專為企業研發的谷歌眼鏡將減弱為迎合服裝搭配的顏色選項方面 的設計，而是帶來了更大的棱鏡顯示器、性能更強的英特爾 Atom 處理器以及可 適度延長續航時間的外掛電池。

谷歌眼鏡除了要考慮企業的普遍需求外，在不同的領域，如醫療、媒體、航空、教育、執法、競技體育業、建築業、製造業等，谷歌眼鏡還要根據行業的性質、工作流程等開發相應的軟體應用，甚至有時候在硬體上也要做一些個性的設計。

　　谷歌眼鏡在滿足不同企業需求的過程中，一方面能夠推動谷歌眼鏡不斷嘗試功能上的更新升級，使其有更多的機會探索這款眼鏡的潛力；另一方面，在不同的領域摸爬滾打一段時間之後，便能總結出一些產品開發或者設計經驗，在這個基礎上可以進一步揣摩普通用戶的需求。我認為，服務一個企業使用者和服務一個普通使用者在本質上沒有多大的區別。

　　谷歌眼鏡在前期之所以被驅逐出消費市場，很大一部分原因是隱私可能被暴露所造成的恐慌導致的。在市場研究公司 Toluna 開展的一項民意調查中顯示，72% 的受訪者將對隱私的關注作為拒絕佩戴谷歌眼鏡的理由，他們擔心駭客可能通過谷歌眼鏡訪問個人數據、洩露個人資訊，其中包括位置資訊等。

　　如今谷歌調整戰略先進入企業市場不代表這個問題已經解決，或者企業不存在這個問題，相反隱私安全更加尖銳。比如在醫療領域，醫生可以利用谷歌眼鏡隨時記錄下病人的私密資訊，甚至手術過程，這些資訊一旦暴露，往往都是成批地暴露，這不僅給用戶帶來巨大的傷害，對企業而言更是致命的。因此，在這裡，用戶只不過是將自己的隱私轉交給企業代為保護，用戶有多擔心自己的隱私被洩露，企業只有更甚之。

　　谷歌眼鏡既然選擇為企業提供服務，隱私安全問題依舊會成為各界關注的焦點，消費者不會因為自己不直接配戴它而放鬆對谷歌眼鏡這方面的警惕，因為還存在間接的關係。那麼對谷歌眼鏡而言，這既是一次挑戰，同時也是一次力挽狂瀾的時機。

　　在侵犯個人隱私安全問題上，谷歌曾作出許多相關的回應。谷歌眼鏡產品總監 Steve Lee 曾在谷歌開發者大會上表示隱私保護問題是他們設計眼鏡最注重的方面，比如設計團隊將顯示幕置於了谷歌眼鏡前方，如此用戶在使用谷歌眼鏡時會出現仰視的效果，這就好比拍照需要舉手、聲控等明確指令一樣。但無論谷歌眼鏡在這方面作出的回應如何，瞬間

就被排山倒海而來的用戶控訴、恐慌淹沒了，也就是說谷歌眼鏡在保護隱私方面做的努力還未經過檢驗就已經被消費者的不冷靜扼殺了。

而谷歌眼鏡進入企業市場，就隱私安全問題存在的意義有兩個方面：一方面，谷歌眼鏡沒來得及在消費市場證明自己，那麼可以在企業市場進一步證明，把與消費者之間的誤會解釋清楚就好了；另一方面，如果谷歌眼鏡真的存在如消費者設想的那些潛在危險，那麼谷歌眼鏡也就不能再理直氣壯地「耍賴」了，消費者雖然已經不再直接介入，但企業用戶也會對這方面提出要求。再則，2015 年 2 月，谷歌與英國數據監管機構達成協議承諾將改變其隱私政策，保證會讓個人資訊數據的處理更透明，告知能夠得到什麼樣的保護，並在未來兩年當中對個人隱私政策不斷進行修改。

所謂「槍打出頭鳥」，谷歌眼鏡既然成為萬眾矚目的明星產品，那麼消費者對它有些要求其實並不過分，另外，順帶把可穿戴設備時代的數據隱私安全問題也砸向它，它一時半會兒解決不了，情有可原，因為這是個時代性問題，但是如果解決了，那就樹立了標杆，第一代的可穿戴設備隱私保護政策也可能就由此誕生，總而言之，好處多多。

講那麼多，就想說明一點，就是谷歌眼鏡選擇進入企業市場，肯定能左右逢源。至於這和消費市場有什麼關係，很簡單，如果谷歌眼鏡在企業市場表現上進、卓越，那麼這將為谷歌眼鏡在消費市場贏得信心，此外，企業市場和消費市場有時候也很難有明確的界限，歸根結柢都是人在使用，那麼這就能為谷歌眼鏡在消費市場積累前期用戶。

或許有人會說過度關注企業市場，谷歌眼鏡是否會出現像當初黑莓手機一樣的危機，即由於過分關注企業市場而忽略消費者，最後導致消費市場反過來作用於企業市場，使自己陷入了一種全然被動的狀態？我認為谷歌對 Glass 項目人員的重組已經對這個問題給出了答案。

2015 年 1 月 19 日谷歌決定停止谷歌眼鏡的「探索者」項目，也表示不會在近期推出消費者版本的谷歌眼鏡。另外，在一篇發表於谷歌 + 社交網絡的博文上，谷歌表示會繼續保留 Glass 項目，但是項目負責人將由原先的艾維‧羅斯（Ivy Ross）換為東尼‧菲德爾（Tony Fadell）。關鍵在這裡，東尼‧菲德爾何許人也？他是消費產品設計師和行銷專家，曾在 Calvin Klein、Swatch、Coach、Mattel、Bausch & Lomb 以及 The Gap 等多家企業任職，他曾經幫助設計和創建了風靡全球的蘋果 iPod，還發明了智能家居領域的明星產品 Nest 恒溫器。

Glass 項目人員重組說明的一個關鍵問題是，谷歌眼鏡在進軍企業市場的同時，也會繼續消費市場的戰略布局，因為谷歌將智能眼鏡交給了一個更加瞭解消費類產品市場的菲德爾來打理，而他兼具了設計與行銷的眼光。

谷歌眼鏡從誕生至今，可謂命運多舛，但這並不是谷歌眼鏡本身發生了重大戰略失誤導致的，而恰恰反映的是整個可穿戴設備時代的問題，谷歌眼鏡存在的問題存在於任何一款可穿戴設備上，只不過谷歌眼鏡成了那「早起的蟲子」，被所有「鳥」盯上了而已。

無論如何，谷歌首席財務官派翠克‧皮謝特 (Patrick Pichette) 的一席話，讓我們對谷歌眼鏡的未來有了更多冷靜的期待，他談到：「當團隊無法跨過障礙，而我們認為市場上仍有很大的機會時，我們可能會讓他們暫停下來，花一些時間去重啟策略。」

（4）谷歌眼鏡在企業中的應用案例與商業前景
①醫療行業
目前，谷歌眼鏡在醫療行業的使用似乎最被人看好，並且已經有了

許多的案例。谷歌眼鏡最大的特點在於解放了用戶的雙手以及增強現實功能，解放雙手對於醫生而言，可以在手術的過程中即時地查看資訊、處理情況以及記錄手術過程等，而增強現實功能則在醫學教學過程當中，可以幫助學生更好地理解甚至操作。

目前，美國有六家診所正在使用 Augmedix 開發的 Glass 軟體。當醫生和患者進行交談時，這款軟體可以自動將患者資訊輸入一個試算表。此外，借助 Glass 的視訊功能，這款軟體甚至還可以理解患者通過非語言形式進行的交流活動，比如可以識別患者所指的身體疼痛部位。

在加州大學三藩市分校醫院的手術室裡 ，主治醫師皮埃爾・希歐多爾（Pierre Theodore）醫生利用谷歌眼鏡上的顯示系統查看 X 光片，同時又不必離開手術室或諮詢其他科室的同事。

另外，他還能通過語音指令控制這款設備。希歐多爾指出：「我的眼睛需要在身前的手術患者和眼前的各項重要資訊之間進行切換，但這根本不會轉移我太多的注意力。我認為，谷歌 Glass 可以成為而且也將成為一款具有革命性的產品。」

美國加利福尼亞州山景城的電子病歷公司 Drchrono 為谷歌眼鏡開發了一款「可穿戴病歷」應用，醫生註冊後，在徵得病人同意的情況下可使用該應用記錄會診結果或手術情況。視訊、照片和筆記都可存儲在病人的電子病歷或基於雲存儲和協作服務的 Box 中，而且病人在需要時可查閱；波士頓醫院的醫護工作者們將其用於常規檢查與診斷，而外科醫生甚至把它帶入手術當中；史丹佛大學醫學院的學生們則利用谷歌眼鏡在手術過程中與老師互動並獲取即時回饋；而北卡羅來納州的杜克大學醫學中心的外科醫生則利用它記錄自己的手術處理資訊。

而基於谷歌眼鏡所建構的醫療診斷方式將會大幅提高，並有效整合、發揮全球醫療資源的協同效應，也就是說借助谷歌眼鏡，未來我們就可以隨時隨地地享受全球的醫生資源，一方面可以借助於谷歌眼鏡實現異

地的遠端醫療診斷；另一方面可以實現異地的遠端醫療會診；更重要的是借助於谷歌眼鏡還可以實現遠端同步手術，或者是手術「現場」指導。這就意味著基於谷歌眼鏡將會建構一個全球化的醫療體系，一種全新的醫療模式將會隨著可穿戴設備產業的普及而誕生。

②其他行業

印第安那技術與製造公司發布了一款名為 MTConnect 的免費谷歌眼鏡應用，Automation World 網站將其稱為「繼數控機床之後，製造行業在資訊處理領域的又一項顛覆性標準」。甚至連通用電氣也在嘗試將谷歌眼鏡應用引入其製造流程。

一家專門為石油與天然氣廠商開發可穿戴式技術解決方案的企業，正在計畫利用谷歌眼鏡應用幫助工程師們在現場以不需手動操作的方式查看範本與其他信息，而後再將數據通過網路發送出去。

思傑公司移動業務副總裁 Chris Fleck 在接受 PC Pro 採訪時表示，該公司已經開始為谷歌眼鏡開發用於工作環境的企業級應用程式。他明確指出，盡管這項工作仍處於原型開發階段，但這足以證明該公司對於將其 ShareFile 與 GoToAssist 軟體產品同谷歌眼鏡相結合的誠意。

總部位於美國加利福尼亞州聖地牙哥的 Sullivan Solar Power 太陽能板安裝公司已經為旗下技術人員配備了谷歌眼鏡，以幫助他們更加高效地外出為家庭、企業用戶安裝太陽能面板。

該公司 IT 部門總監邁克爾·查戈拉（Michael Chagala）表示：「當你的夥計站在屋頂上的時候，安全才是我們考慮問題的重中之重，而釋放雙手進行操作無疑具有重要意義。工人在安裝過程中需要上下爬梯子，因此他們很難攜帶筆記本，而且筆記本又極容易受到太陽光反光的影響。」

這也就意味著谷歌眼鏡在工業領域將會發揮難以想像的價值，至少對於一些緊急的設備搶修事件，只要戴上谷歌眼鏡，遠在地球任何一端

的專業工程師就能有效地進行指導。

　　而對於一些專業的技術安裝施工工作，施工人員只要戴上谷歌眼鏡，借助於遠端的現場指導方式即可完成專業的安裝服務。而隨著谷歌在企業領域的應用與拓展，未來將會有更多新的商業模式隨之誕生。

7.4 谷歌眼鏡的終極目的

　　谷歌眼鏡探索版的下架，以及之前由於隱私問題給其造成的負面影響，使許多人認為谷歌在智能穿戴領域將會面臨失敗的風險，而我想說的是，其實我們很多時候對於國際巨頭的理解都是錯誤的，尤其是對於谷歌眼鏡的理解是錯誤的。

　　其實，谷歌進入可穿戴領域的目的是占領移動互聯網時代的數據入口，並建立基於移動互聯網的大數據搜索平臺。包括谷歌收購 Nest 同樣不是為了進入智能家居的產業領域，而是為了搭建大數據搜索平臺。

　　因此，谷歌眼鏡的重點並不在谷歌眼鏡上，其對於智能硬體領域展開的一系列收購行為也是醉翁之意不在酒，而在於圖謀大數據平臺，最終獲得移動互聯網時代的用戶。我們都知道谷歌是幹什麼的，它是幹搜索的，也就是大數據平臺這個事情。那麼我們來試想一下，谷歌會拋棄自己的老本行而轉行去做智能穿戴或者智能家居這一實體產業？我可以很肯定地告訴大家，不會。

　　那或許大家會問，谷歌為什麼花那麼大力氣推出谷歌眼鏡，而且還不斷地做各種測試，不斷地在完善？我們回過頭來看，如今的可穿戴設備為什麼如此火爆？這把火是誰點起來的？正是谷歌通過谷歌眼鏡點起來的。再看，今天的智能家居為什麼這麼火爆，這把火又是誰點起來的，也是谷歌通過收購 Nest 點起來的。

　　然後當大家都在這個火堆裡添柴的時候，谷歌卻沒什麼動靜了，悄

悄地轉去搞系統平臺了。而就在大家通過不同的方法，克服了智能家居、可穿戴設備行業的各種各樣困難，同時又面臨著智能設備應用系統缺失的時候，谷歌就會在此時出現，並且告訴大家他已經搭建好了專門的可穿戴設備系統應用平臺以及專門的智能家居平臺，正準備提供給各位開發者使用。

此時，谷歌的意圖越來越明顯了，因此我不太明白為什麼還有很多人為谷歌眼鏡的開發者離開而憂心忡忡，對於谷歌而言，谷歌眼鏡已經引爆了整個可穿戴設備產業。而之前谷歌需要自己研發眼鏡的主要原因是其缺乏可以支撐其搭建移動互聯網時期的搜索平臺，因此只能通過自身研發產品，然後進行一些測試，通過這些測試與試用獲得經驗累積，以幫助其完善移動互聯網大數據平臺的搭建。

在 PC 互聯網時代，我們對於互聯網的黏性是按小時，或者說按天計算的，此時我們只要掌控 PC 端的數據平臺就可以把控用戶了。但是移動互聯網時代不一樣，移動互聯網時代的黏性是按分鐘計算，我們可以沒有電腦，但是我們現在很多人幾乎不能離開手機。這就讓我們看到移動互聯網與 PC 互聯網的最大區別，即用戶黏性時間被進一步縮短。

而到了可穿戴設備時代，使用者的黏性被進一步縮短，從基於手機按分鐘計算的用戶黏性被壓縮為按秒計算。此時谷歌如果要繼續保持大數據平臺的優勢，就必須從用戶黏性這個角度進行思考，這就讓我們看到谷歌推出了穿戴式的谷歌眼鏡，並引爆可穿戴設備這個市場。谷歌清晰地認識到，移動互聯網時期最終極的用戶黏性就是基於可穿戴設備。

因此對於谷歌而言，谷歌眼鏡並不是其真正目的。正因為如此，我們看到谷歌眼鏡似乎從來就沒有認真地考慮其商業化的事情，總是在不斷地探索，不斷地引導可穿戴設備的方向，包括在醫療領域的探索。

總而言之，大家就不要為谷歌眼鏡瞎操心了，人家想幹的事情已經幹成功了，那就是吸引了全球那麼多的媒體、資本、人才蜂擁而入了可

穿戴設備產業。而這些設備中，未來將有很大一部分將使用谷歌的可穿戴設備系統平臺，這些使用者將會為其締造可穿戴設備所帶來的大數據帝國。對於谷歌眼鏡而言，其商業化的拓展已不在於硬體本身的限制，而在於缺乏移動互聯網的大數據支撐。

對於外界而言，一句話，**消費級谷歌眼鏡看似失敗了，其實只是谷歌眼鏡從實驗室走向消費市場的一次實際產品的測試。很快我們將看到谷歌眼鏡來到我們身邊，並且會深深地影響與改變當前所建構的諸多商業模式。不僅如此，谷歌眼鏡還做了一個偉大的貢獻，就是成功讓基於可穿戴設備的 VR、AR 等概念的產品載體走到了聚光燈下。**

Memo

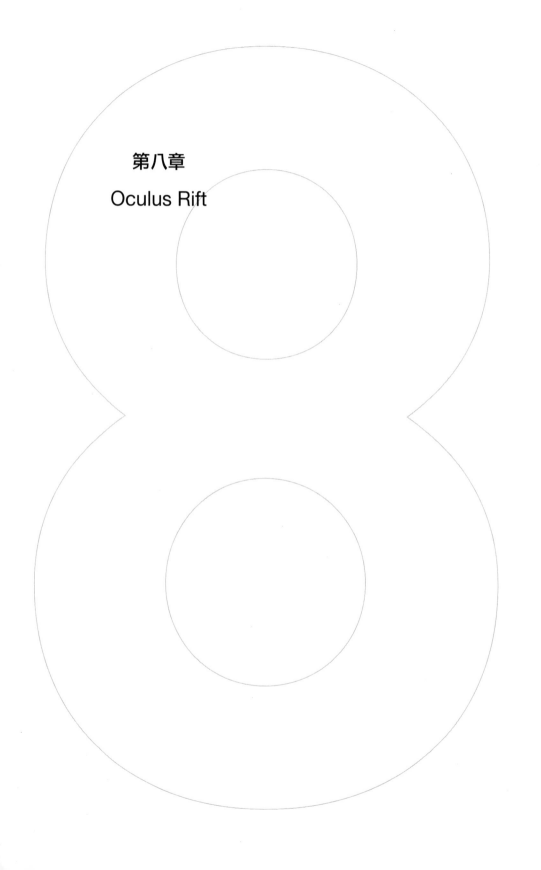

第八章

Oculus Rift

第八章

Oculus Rift

2012 年 8 月 1 日，有一款看似科幻實則科學的 VR（虛擬實境）頭盔 Oculus Rift 被 Oculus 公司擺上了眾籌平臺 Kickstarter 的貨架，等待大眾投資者前來「臨幸」，其眾籌宣言是「從此徹底改變玩家對遊戲的瞭解」，從現在看這款設備在遊戲領域的表現，可以知道它並未讓人失望。

Oculus Rift（圖 8-1）是一款專門為電子遊戲設計的虛擬實境頭戴式顯示器，它以其獨特的功能瞬間俘獲了大眾的心，僅 1 個月的時候，就獲得了 9000 多名消費者的支持，收穫了 243 萬美元眾籌資金，為其後續的開發、生產積累了第一筆資金。

圖 8-1 Oculus Rift

Oculus Rift 設備配備了兩個目鏡，每個目鏡的解析度為 640×800，雙眼的視覺合併之後擁有 1280×800 的解析度。這款設備最大的特色是具有陀螺儀控制的視角，因為這將大幅度提升遊戲的沉浸感。Oculus Rift 虛擬實境眼鏡可以通過 DVI、HDMI、micro USB 介面連接電腦或遊戲機。

2014 年 3 月 26 日，Facebook 宣布，以約 20 億美元的總價收購沉浸式虛擬實境技術公司 Oculus VR，借此正式進入可穿戴設備領域。2014 年 7 月，Facebook 又宣布將收購遊戲開發引擎 RakNet，並將其轉為免費開源，提供給全球的遊戲開發者，這為 Oculus Rift 的發展引來了一個新的階段——平臺搭建。

2015 年 6 月，Oculus 在三藩市召開的發布會上，正式發布了消費者版 Oculus Rift 虛擬實境眼鏡，具體價格和發貨時間都未公布，但 Oculus 的 CEO 布倫丹‧艾瑞比（Brendan Iribe）宣布，Oculus Rift 將在明年一季度正式開賣。此外，Oculus 還宣布了與微軟的合作細節，Windows10 將加入對 Oculus 的原生支持，Oculus Rift 也會支持所有的 Xbox 遊戲。

8.1 Oculus Rift 為遊戲而生卻不止於遊戲

Oculus Rift 的最佳應用之一就是電子遊戲。雖然目前各類遊戲已經可以渲染出以假亂真的 3D 場景，但是由於玩家仍舊是盯著一個有限大小的顯示器看，相比如果使用這類虛擬實境眼鏡，相信可以極大增強玩家的現場感，可以體驗到像電影《The Matrix》中那樣後腦插上電纜，就可以進入另一個世界的感覺。

從技術上來說，虛擬實境眼鏡並不是什麼新鮮玩意。相關的研究領域十幾年前就開始使用這類設備開展研究了。但是，Oculus Rift 之所以特別受關注與歡迎除了其能給遊戲者帶來非凡的遊戲體驗以外，還有一個重要的原因是，它的價格能為一般的人所接受。在 Oculus Rift 出現之

前，這類外設的價格非常昂貴，一般均以萬美元計價。而 Oculus Rift 只需幾百美元，約合人民幣幾千元，這讓許多遊戲者都能有機會體驗這種沉浸式的遊戲。

對遊戲玩家來說，這代表著終極的沉浸式體驗，當然還比不上《星際迷航》（Star Trek）世界裡「企業」號飛船（USS Enterprise）上的全息甲板[1]。幾乎每一種遊戲類型都能從虛擬實境技術當中受益，而且它能讓遊戲實現自互聯網上可進行多人遊戲以來的最大進步。

不過，虛擬實境技術的優勢不僅限於遊戲。我前面提到，有些公司已經利用它來設計產品——Oculus Rift 可能意味著，從自由產品設計師到 3D 印表機擁有者在內的所有人都可以利用它來幫助自己。那也有可能是對著名建築乃至城市的虛擬觀光之旅——它們都使用谷歌街景（谷歌 Streetview）一類的技術記錄數據，讓你感覺身臨其境。

你是否厭倦了網上購物（尤其是服裝）發現實際產品跟平面圖片看起來不一致。虛擬實境技術可以通過提供高解析度的 3D 模型，甚至讓你直接身臨其境去試穿每一款喜歡的衣服，這比很多網上零售商目前提供的 360 旋轉圖像還要好，來重塑線上購物體驗，從而讓你獲得近乎在店內購物的體驗。

電視服務也可能得到徹底變革，想像一下納斯卡（NASCAR）或 F1 比賽時你坐在賽車上的樣子，或者想像一下皇家馬德里隊（Real Madrid）的伯納烏球場（Santiago Bernabéu）以及邁阿密海豚隊（Miami Dolphins）的太陽生活體育場（Sun Life Stadium）舉行球賽時你在現場觀賽的情景。這種技術擁有巨大的潛力，對家庭的各種娛樂形式產生衝擊。

目前市面上除了 Oculus Rift，在全球範圍內同類產品大概有不下 10 款，包括索尼的 Project Morpheus、三星的 GearVR、微軟的全息影像頭戴 HoloLens、HTC 的 Vive、谷歌的 Cardboard 等。在未來幾年，這些設

註 1：全息甲板（Holodeck），科幻影視中運用燈光將房間變成一個沉浸式的互動場景。

備將進入不同的領域，去引爆各種各樣的商業機會，他們改變的將不僅僅局限於我們的娛樂方式，還有更為重要的生活方式。

8.2「平庸」的 Oculus 何以備受關注？

虛擬實境技術的發展，火爆程度可以說絲毫不亞於當前的智能手錶與智能手環。在 Oculus 公司的產品之前，三星、索尼都推出過類似的虛擬實境產品，主要應用於遊戲娛樂方面，所以說，Oculus 的產品並不是什麼新奇特的技術，而且相比於微軟的 HoloLens 與谷歌的谷歌 glass 這兩款產品而言，Oculus 顯得非常平庸。但是，就是這個「平庸」的 Oculus，卻在最近引起人們極大的關注。其中關鍵的原因主要有以下幾方面。

（1）Oculus 被有影響力的 Facebook 高價收購

去年，Facebook 斥資 20 億美元收購了 Oculus VR 公司。可以說這一次收購事件，讓虛擬實境成為智能穿戴行業的一個新熱點。而 Oculus 公司，也由此格外受外界關注。

在虛擬實境領域，谷歌、微軟、索尼、三星電子等公司都已經有所布局。那麼，Facebook 又是基於何種原因考慮，砸 20 億美元重金收購 Oculus 呢？一個以社交為主導的公司，難道說是看到了智能硬體產品的火爆，希望跨界進入「硬領域」？

答案顯然不是的。而且，筆者基本上可以斷言，Facebook 的目的還是在於它的社交，而不是去倒騰幾款硬體產品的銷售。那麼，Facebook 的掌門人馬克‧扎克伯格又不惜砸 20 億美金，來收購 Oculus 這樣一個連產品商業化都還沒摸索出來的項目，目的到底何在？或許我們可以從扎克伯格自己的表達中瞭解一二，那就是「虛擬實境將會是下一代計算

平臺，除了遊戲之外，還將在網上教育、職業培訓、家庭娛樂等領域發揮出巨大的用途」，也就是說扎克伯格收購 Oculus 的目的既不是要致力於硬體產品的銷售，也不是 看好虛擬實境的遊戲領域，而真正關心的還是其社交功能。

筆者曾經在《Facebook 的物聯網靠譜[2]嗎？》一文中講到過，Facebook 在初期發展是基於大學生的社交，因為這個平臺都是來自於大學生，細分人群的鎖定大大減少了使用者對社交對象的甄別時間，於是就在美國的大學生群體中獲得了快速成長。之後，隨著資本的介入，也就對其業務提出了更高的擴展要求。此時一些大學生之外，出於各種對大學生有興趣、關注的群體開始入場，包括進入其他一些國家充當國際社交平臺。

另外我們看到 Facebook 不僅收購 Oculus 公司，還在今年早些時候的開發者大會上宣布進入物聯網領域，打造物聯網平臺。這一些系列的動作其實都有著一個共同的目的，就是讓這些不論是出於什麼目的來到社交平臺上的用戶能夠留在上面，並且能夠在這個平臺上不斷地倒騰點事情出來，而不是跑到其他平臺上去。而在這當中，虛擬實境就是非常關鍵的一項技術手段，尤其對於社交工具來說，可以說 Oculus VR 這種智能穿戴產品的導入，會為 Facebook 這個社交平台帶來「神奇」的魔力。

① 對於社交來說

基於文字互聯網的社交在大數據的今天，可以說給很多人帶來了困擾，那就是隱私很容易被曝光。包括在 Facebook 的社交平臺上，用戶的一舉一動，以及與不同人之間的互動都會成為一種「公開」的資訊。

而基於 Oculus VR，則讓這種社交方式變得更為「隱私」「直接」，也就是說未來要想與人交流就不再需要在 Facebook 上通過碼字尋找，直接通過語音在 Oculus VR 中「有圖有真相」地找。

註 2：「靠譜」的意思就是靠得住、可信賴、可行性高，可用來形容人也可以形容事情。

② 對於遊戲娛樂來說

現在，有相當部分人癡迷於遊戲，癡迷於在虛擬世界中找尋自己存在的價值。而這類人群通常都是比較年輕的群體，也就是 Facebook 上的主流群體，那麼如何能夠將這部分人持續地「黏」住，關鍵就在於能否給他們提供更有意思的「樂趣」，Oculus VR 顯然是首選。

相比於當前在螢幕上的這種遊戲操控來說，Oculus VR 給用戶帶來的是一種沉浸式的體驗感受，可以在最大限度上排除外界干擾，讓用戶「身臨其境」地進入遊戲角色來體現虛擬世界中的自我價值。對於用戶來說，只需要把配套的智能穿戴控制設備戴在手上，動動手臂與手指就能實現遊戲的各種控制。而且，戴著這個高科技的裝備，它還保護了用戶的隱私。

（2）Oculus 還與微軟保持著密切的關係

Oculus VR 本身就站在風口產業，也就是智能穿戴產業之中，然後一方面被科技領域的富豪，也是新興明星級人物的 Facebook 以重金收購了；另外一方面又與科技領域的老牌明星微軟保持著密切的關係，這要是不想成為科技領域的討論焦點都難。

而且，按照 Oculus 公司發布會的資訊來看，Oculus 頭戴顯示器將可以在 Windows 10 和 Xbox One 上使用，Xbox One 的手柄也將與 Oculus Rift 搭配售賣。這當中顯然帶給了我們幾點很重要的資訊。

① 微軟進入物聯網時代的野心

儘管我們當前所看到的只是 Oculus 頭戴顯示器將可以在 Windows 10 系統使用，這樣一則看似無關痛癢的資訊，實則在給我們傳遞「微軟正在努力抓住、布局物聯網時代」的重要信號。

微軟在 PC 互聯網時代可以說是一枝獨秀，一統作業系統的江湖。但它在移動互聯網時代卻是節節敗退，不論是之前的 Windows Mobile，

還是之後的 Windows Phone 系統，都是以雄心壯舉登場，以慘澹結局收場。被搞硬體的蘋果和搞搜索的谷歌夾擊得遍體鱗傷，一個以封閉式系統 iOS 統領高端市場，另一個以開放式系統安卓占領了江湖市場，讓微軟無所適從。

對於微軟來說，錯失了移動互聯網時代並不可怕，因為這只是 PC 互聯網到物聯網時期的一個過渡時代。而真正決定著微軟未來命運的可以說是即將到來的物聯網時代，可以說在物聯網時代，當一切的軟硬設施都互聯網化、數據化之後，對於作業系統的穩定性、複雜性、安全性就提出了更高的要求，這對於在操作系統領域有豐富經驗的微軟來說，無疑是有先天性的優勢，不論是從技術、經驗、資金、管道等方面來看。

微軟唯一不足的是接地氣，也就是說在之前的 PC 互聯網時代，所有的使用者是圍著作業系統來學習、適應的，沒有太多的想法，形象一點說是一種以微軟 Windows 作業系統為核心的中心化時代。但進入移動互聯網時代，更多的是以圍繞使用者為核心來進行作業系統打造的時代，一種去「中心」化的時代，如蘋果的 IOS，它的核心就是如何簡單、直接地讓用戶使用；如谷歌的安卓，更為直接、全開放的平臺，各家自己拿去之後根據各自細分市場使用者的需求進行有針對性的二次開發，以適應、滿足不同用戶的需求。

微軟顯然在這個轉型期中沒有適應，不過經歷了這麼多年的市場探索、教育之後，微軟已經意識到了這種變化，也在自身做出了改變。作業系統也是直接從 Windows8 直接跨越到了 Windows 10，或許之前很多人不太明白微軟為什麼從 Window8 直接跨越到 Window 10，而省略了 Window 9，其實就是想表達它將從 PC 互聯網直接跨越到物聯網時代，對於錯失的移動互聯網時代只能面對，更重要的是抓住更龐大的物聯網時代。

物聯網時代的一個特點就是智能硬體的多元化、碎片化，不像 PC

互聯網或者移動互聯網時代的產品相對比較單一。比如智能穿戴的產品形態、分布領域就多種多樣，那麼這對於系統的多元化支援與自我調整能力就提出了很高的要求。也就是說系統在 PC 端上使用是一種顯示方式，但到了智能手機上就需要另外一種方式，到了智能眼鏡上則又是一種介面顯示方式。

不過微軟在這方面確實做了很多努力，包括之前的微軟智能手環、HoloLens 虛擬交互設備以及當前與 Oculus VR 的聯合，其實都是在做一件事情，就是為自己布局物聯網時期的作業系統平臺積累經驗，以完善其作業系統的開發。

②獻上 Xbox One 手柄是一箭雙雕

一方面是基於 Oculus 公司當前自身的技術層面，還無法研製出與設備聯動並且性能穩定的手持觸控設備。儘管日前的發布會上發布了基於自身的 Oculus Touch 穿戴式控制技術，但這個技術目前是不成熟的。

以 Oculus 當前針對於遊戲玩家這個市場切入點來說，這類人群對於設備的操控精準性、靈敏性的要求是相當高的，對於系統運行的回應能力、穩定性也有很高的要求。遊戲市場的使用者與「視覺」方面的使用者不同，「視覺」方面的使用者只要播放不卡，畫面流暢就可以了。但遊戲用戶不同，要是這個穩定性、靈敏性、精準性等方面有瑕疵的話，將會嚴重影響他們在虛擬世界中的自我價值表現。

那麼對於 Oculus 團隊來說，當前能夠將這款產品製作好就不錯了。原因很簡單，要把一個想法，一款原型產品轉換成商業應用產品，並且還要保證良好的用戶使用體驗，並不是一件容易的事情。特別是對於這種較長時間佩戴的頭戴式智能穿戴產品來說，任何一個細節不到位都會影響使用者的佩戴舒適性。

另外還要開發符合 Oculus VR 場景的遊戲，從 Oculus 的發布會來看，盡管當前發布了幾款遊戲，可以說這只是個起步。對於當前所針對的遊

戲用戶來說，嫁接於 Facebook 上所面對的龐大遊戲用戶群體，Oculus 遠遠還不能滿足，不論是從遊戲的寬度，還是深度、難度層面來看，都還有很長的一段路要走。

因此，對於 Oculus 來說，找一個有實力的合作夥伴是最合適的選擇，至少對於當前來說。而微軟一方面也正在尋找合作夥伴，以進入物聯網系統平臺領域進行探索；另一方面又具有強大的作業系統經驗與技術實力；而且微軟還具有多年的遊戲領域經驗，並且還能為 Oculus 提供當前最為便捷的遊戲控制解決設備 Xbox ONE。這款產品是微軟公司的第 3 代家用電子遊戲機，相比於 Oculus VR 的產品來說要成熟得多。

對於微軟來說，獻上 Xbox One 手柄可以說一箭雙雕，既可以拉動硬體設備的銷售，又可以為自己的系統應用收穫經驗。不過對於 Oculus 來說，更多的是當前的一種無奈之舉，與其選擇和其他廠家合作，還不如與微軟合作。而且，選擇 Windows 10 還能夠為 Oculus 解決更多軟體系統應用層面的問題，其中最為關鍵的就是虛擬實境顯示過程中的畫面連續性與自我調整性，比如用戶在玩遊戲的時候轉個頭，這個時候的畫面就要根據使用者的行為作出相應的改變。尤其是在比較敏感的視角系統裡，一旦顯示的畫面與眼睛的視角反應在錯位，將會與用戶的視角系統發生衝突，從而帶來一種非常糟糕的感受。

（3）Oculus 儘管相對「平庸」，但卻是一款真正進入商業化使用的產品

這也就是說 Oculus VR 產品的概念並不新、奇、特，可以說在智能穿戴領域中屬於比較平凡的概念，而之所以引起關注，主要的原因除了上面所說的兩個因素之外，另外一個重要的因素就是它將這個看似「平凡」的概念真正帶入了商業化應用。

從谷歌眼鏡、微軟 HoloLens 等產品上，我們都看到了一個共同的影

子，就是這些看似非常科幻，並且讓人嚮往的高科技「神器」，要想真正從概念走向於商業化應用，這條路是充滿艱辛的。

Oculus VR 產品或許正是代表著當前整個智能穿戴產業的一種處境。可以說，智能穿戴產業是一個從 0 到 1 的產業，沒有參照，沒有完善的產業鏈，連消費者對於智能穿戴到底是個什麼東西都還處於認知模糊的階段。這個領域的創業者們憑藉著各自的智能、創造力、毅力在探索這個前沿的科技產業，儘管當前的大部分產品都存在不同程度的不完美，但仍然無法阻擋媒體的聚光燈，也無法阻擋消費者的熱情。

Oculus VR 產品也是如此，如果僅從硬體產品層面來看，這是一個典型的創客項目，整個團隊缺乏硬體技術與商業化的經驗。可以預見，Oculus VR 即將上市的第一代產品與其他一些智能穿戴產品一樣，在產品硬體本身層面會存在一些瑕疵；在軟體層面，交互控制、虛擬實境顯示介面等也會存在著不同程度的問題。

但將新科技從實驗室推向於商業化市場應用，這種精神本身就是一件值得敬佩的事情，是一件值得大家支持的事情。**一個從 0 到 1 的產業，一個從 0 到 1 的產品**，本身就是一個不斷探索、完善的過程。而 Oculus VR 這款產品儘管在概念上顯得「平庸」，但它是一款從 0 到 1 的產品，其系統、硬體、技術、應用等都還需要一個搭建的過程，這個商業化的過程理論上看似簡單，具體實施時卻並非易事，或許這也是 Oculus 吸引諸多眼球關注的一個要素。

不過最關鍵的還是在於智能穿戴本身的力量，筆者曾多次講述過，智能穿戴設備取代手機成為世界的中心，其中一個標誌性的關鍵技術，也就是虛擬實境技術。可以說，**虛擬實境技術是一項充滿著魅力、想像的科技趨勢，未來虛擬實境將取代當前的螢幕，我們將進入一個無「屏」時代**，而 Oculus 的這種應用探索必然會引起諸多的關注。

8.3 Oculus 的核心在於 Oculus Home

在 Oculus VR 的 E3 展前發布會上，Oculus 公司產品副總裁 Nate Mitchell 登臺向大家展示了全新的 VR 專屬使用者介面——Oculus Home，用戶可以使用這個軟體從 Oculus 公司購買 Rift 的相容應用。Mitchell 表示，用戶只能通過 Oculus Home 獲取 Oculus 公司推出的獨家遊戲，而在開放的 Oculus Home 上，自家的應用會占據大多數。此外，在內容商店的發布方面，Mitchell 強調已經對 GearVR 開放平臺，當 Rift 商店上線的時候，所有的 Oculus Home 體驗都會和現在 Gear 平臺上運行的 Oculus 商店擁有完全相同的後臺支持。

從 Mitchell 一系列的介紹和強調中，我們可以發現 Oculus 公司的核心，其實並不是 Oculus VR 這款硬體產品本身，而是建立一個類似於 Apple Store 的開發者平臺，不同的是，Oculus 所布局的 Oculus Home 在當前是專注於遊戲這一細分市場的開發者平臺。在發布會上，Oculus 公司宣布了投入 1000 萬美元，用來鼓勵與支持遊戲開發者進入，這個舉動的目的也是吸引開發者。

對於 Oculus 來說，依託於自己的遊戲開發團隊可以說在當前比較長的一段時間內，可能連 Facebook 上的這些遊戲用戶的需求都滿足不了，更談不上吸引其他平臺的遊戲用戶。因此，只有學習蘋果，通過將自身的硬體產品與系統平台打造好，然後借助於開發者平臺吸引全球遊戲開發者的興趣，為 Oculus 的產品挖掘更多的應用領域，探索更多的應用與體驗。

Memo

第三單元

未來的商業模式預測

可穿戴設備領域的發展還處於初級階段，因此當前的商業模式更多的也還停留在單一的硬體和配件的銷售上，但當可穿戴設備發展趨於成熟，生態圈逐漸完善的時候，它所延伸出來的商業模式將有無限可能，至少會擺脫當前對於產品硬體本身為盈利模式的依賴。特別是基於大數據價值的可穿戴設備，將在醫療、旅遊、 教育、遊戲、健身、廣告、公共管理等各個方面激發出全新的商業機遇。

第九章

可穿戴醫療

第九章

可穿戴醫療

　　可穿戴醫療換句話來說，就是感測器醫療，再輔以無線通訊、多媒體等技術，散布在人體的各個部位，能夠即時地檢測人體各項體徵，達到預防疾病的效果。而一旦使用者生病需要就醫時，設備能夠自動借助使用者完成整個診療過程並發回報告，甚至能即時送藥上門，整個過程可能是在患者還不知道自己已經生病的情況下完成的。最後在就醫後，設備能根據醫囑為使用者合理安排飲食、作息等，使就醫用藥效果達到最佳。

　　總而言之，可穿戴醫療是一整套系統，一個巨大的平臺。任何一個環節未打通，都難以使可穿戴設備在醫療領域的價值發揮到最大。就當下推出的如手錶、手環、服飾及鞋襪等日常穿戴設備，雖然可以測量使用者的各項生命體徵，但還只是停留在前期的健康管理階段，遠未真正進入整個可穿戴設備醫療領域。對於可穿戴設備而言，醫療領域才是它能發揮最大價值的地方，健康管理只不過還是剛踏出去的第一步。

　　可穿戴設備在醫療領域發揮的作用才剛剛萌芽，而它最大的優勢就在於其是移動醫療最佳硬體入口。根據 ii Media Research 數據，預計中國在 2017 年的可穿戴醫療設備市場規模將達到 47.7 億元，年複合增長率達 60%。

9.1 移動醫療最佳硬體入口

市場研究機構 Transparency Market Research 研究表明，醫療是可穿戴設備最具前景的應用領域，其次是健身和娛樂。Ahadome 預測可穿戴技術在醫療保健領域至少占可穿戴設備的 50% 份額。

可穿戴設備將為醫療器械行業帶來一場革命，即從微型化到便攜化，最後到可穿戴化，不但可以隨時隨地監測血糖、血壓、心率、血氧含量、體溫、呼吸頻率等人體的健康指標，還可以用於各種疾病的治療。

而移動醫療最佳的硬體入口非可穿戴設備莫屬，它所具備的優勢主要有以下幾點。

首先，在用戶的培養方面有先天優勢。 在移動互聯網還沒到來，真正意義上可穿戴設備還未出現的時候，市場上就已經出現了許多的例如血壓計、血糖儀等。據統計，這些設備在中國內地每年能夠達到幾百萬台的銷售量。

顯然，使用者對於這類性質的設備，需求量還將不斷增長。另外，可穿戴設備的功能已經不是簡簡單單地停留於測量血壓或者血糖，而是更進一步地管理用戶的健康，這將進一步激發整個簡單醫療測量器械的市場潛力，用戶會集體奔向功能更加完善、更貼心的可穿戴設備。

其次，真正解放用戶雙手。 可穿戴設備將取代智能手機的最大優勢就在於，它能在真正意義上解放用戶的雙手，成為移動網路新的輸入和輸出終端。使用者不需要打字、動作、發聲等傳統的輸入方式，只需將可穿戴設備，如智能手錶戴在手腕上就可以完成輸入。可穿戴設備的輸入信號已經變成了人體的心跳速度、卡路里、血糖、腦電波等。

第三，不間斷監測用戶身體。 只要用戶的身體還在運行，那麼可穿戴設備就能不間斷地通過內置的感測器將數據記錄並進行轉換分析。或許當下的可穿戴設備如眼鏡、手錶、手環之類的產品會經常被使用者摘

下來丟在一邊，但未來可穿戴設備的發展方向必然是與人體自然融合，不被人體察覺到它們的存在，例如嵌入所有的衣服、鞋子裡，甚至人體內部。

第四，一場「化學反應」正在發生。移動醫療概念已經鋪天蓋地而來，但至今還沒有真正普及，而當下大部分的移動醫療得以實現，靠的是 App 與智能手機單一的結合，嚴格而言，這並非真正意義上的移動醫療，因為其中最重要的數據價值還遠未被挖掘與使用。

一場正在發生的「化學反應」指的就是感測器和物聯網技術、移動互聯、雲儲存和大數據分析等先進技術正不斷實現新的突破，並進行集成創新、相互深度融合的過程，而可穿戴設備就是這場化學反應後產生物質的最佳載體。

當這一切技術都發生深度融合後，數據價值的挖掘問題將迎刃而解。未來，智能手環能夠時刻跟蹤人體各項體徵數據，這些數據首先由設備記錄，接著通過互聯網、雲、移動健康平臺等生態系統內的配套建設，對數據進行分析回饋，為用戶提供有針對性的健康建議，幫助用戶預防疾病，或者為有診療需求的用戶推薦相應的醫療資源。

可穿戴設備時代的互聯網入口將不僅僅局限於狹小的範圍，而是人所到之處，所觸碰的任何東西都可能成為入口，並且這個入口所帶來的數據含量及其準確性也將遠遠超過傳統的互聯網入口方式。

就如上文而言，可穿戴設備狹隘些的定義就是感測器穿戴，使用者使用可穿戴設備，並非因為那些智能手機都已經涵蓋了的功能，而是因為那些由散布於人體各個部位的感測器所產生的數據，在深度分析這些數據的基礎上，使用者可以準確地瞭解到自己的身體狀況，並及時對自己的身體進行調整。

真正意義上的移動醫療，並非是用戶可以在任何地方可以和自己的醫生交流，接受醫生的診斷，而是更進一步的隨時隨地地自我診斷。其

至未來，所有的醫生和病人都要基於同一個數據分析平臺對病情進行診斷，即前期由可穿戴設備記錄的數據，再由雲計算對數據進行分析的醫療大數據平臺。

而對於一些有規律性的疾病，則完全不需要依賴醫生進行診斷，而是通過可穿戴醫療設備的監測，借助於人工智能根據相關的醫學疾病標準直接作出診斷。可以預見，隨著可穿戴醫療市場的逐步規範與完善，不久的將來給我們繼續診斷的並不是醫生，而是「機器人」。

9.2 可穿戴設備的市場機會點

就目前的市場前景來看，我認為醫療可穿戴設備的市場潛力更為可觀。而在這個領域中，最大的市場空間則是尚未被真正重視到的慢性疾病患者群體所帶來的剛需市場。之所以這麼認為，主要基於以下幾方面的原因。

（1）慢性病患者群體龐大

根據 2015 年 1 月 19 日，世界衛生組織公布的一份報告表明：癌症、心肺疾病、腦中風（卒中）、糖尿病等慢性非傳染性疾病依然是全球最主要死因，而其中很多過早發生的死亡其實是可以避免的。

WHO 數據顯示：2012 年，全球因慢性非傳染性疾病導致的死亡多達 3800 萬，其中中國達 860 萬。中國每年因慢性病死亡的男性中約 4 成 (39%) 和女性中約 3 成 (31.9%) 屬過早死亡，過早死亡人口達 300 萬之多。

我們再來看看《2014 中國衛生和計劃生育統計年鑑》裡的幾組統計數據，瞭解一下中國居民從 2003 ─ 2013 年這 10 年間的慢性病發病率的情況。

中國的糖尿病患者在這 10 年間平均發病率增長了近 7 倍，其中城

市人口的發病率增長了近 3 倍，而農村人口增長了 10 倍之多。顯然，未來的農村會成為慢性病重災區，這和這 10 年間農村人口的飲食和生活習慣、環境改變有巨大的關係。

10 年間，中國高血壓平均發病率增長了 6 倍左右，其中城市人口發病率增長了 3 倍，而農村人口的發病率增長了 8 倍左右。

目前，中國的慢性病患者已經達到了 2.6 億人。1998 年，慢性病患者占總人口的 12.8%；2008 年達到了 15.7%，而且呈不斷上升趨勢。同時，中國慢性病呈現出「年輕化」的趨勢。調查顯示，有 65% 以上的勞動人口患慢性病，這個群體年齡段為男性 16 — 60 歲，女性 16 — 55 歲。69% 的高血壓和 65% 的糖尿病都發生在上述年齡段。而因慢性病死亡的人數已達全中國總死亡人數的 85%。

在整體醫藥支出上，慢性病占了 70%。而根據世界銀行估算，2010 — 2040 年之間，中國如果將心腦血管疾病的死亡率降低 1%，即可產生 10.7 萬億美元的經濟獲益。

這些數據充分表明慢性疾病管理將成為智能可穿戴設備一個龐大的潛力市場。雖然這個領域涉入門檻相對較高，但卻是人類健康的剛需，因為戴上醫療可穿戴設備，人們可以提前監測到一些慢性疾病，就可以預防並及時治療。而且，這種通過科技進步為病患切實解決預治療問題，才是人體可穿戴設備的真正意義。

（2）現成的消費認知和習慣助推醫療可穿戴設備

對於普通的可穿戴設備而言，其大部分功能都需要使用者形成新的使用習慣，這顯然不容易。尤其從市場行銷層面來看，當企業產品進入一項全新技術的市場，其對用戶的培養、教育成本是非常高的。比如在健康管理應用領域，一款運動手環為了不被使用者過快地丟棄，需要不斷地想辦法滿足用戶的需求，如通過社交平台設定一些互動激勵方式，

讓使用者能從中感覺到樂趣；還需要不斷地對設備進行改進升級。用戶從完全陌生到熟悉瞭解，再到穩定的狀態，這當中需要經歷一個漫長的過程，而這對於一些實力雄厚的企業或許還可以承受，對於一些創業型公司而言，可能就有點壓力太大了。

但是，在慢性疾病領域，智能穿戴設備所面臨的境況就不一樣了。因為在「可穿戴設備」這個名詞還沒出現的時候，那些在生活中被叫電子血壓計、血糖儀之類的設備已經在我們的日常生活中普遍地存在著。而現在就是把它們升級一下，換了個更高級的名字，叫智能可穿戴血壓儀或者血糖儀；或者換個外觀與技術表現方式，如以電子文身的方式和身體無縫融合，再借助於智能手機的這塊螢幕呈現數據回饋等。

無論以後的電子血壓儀等變成什麼樣子，使用者接受起來的速度，相較於其他的可穿戴設備來說，都要更容易更迅速些。因為用戶在前期已經培養起了對這類設備的穩定使用習慣，後期只要對一些新功能進行簡單的培訓，就能上手。而這對於企業來說，最大的價值就在於簡化了前期的使用者培養，縮短了產品市場導入，節約了巨額的營運成本。

（3）慢性病患者對醫療可穿戴設備黏性高

慢性病患者這個群體有一個比較突出的特點，就是他們的需求出發點是監測準確性和技術性，而非娛樂時尚性。不會像當前一些健康娛樂類可穿戴設備的用戶那樣，由於玩膩了，失去新鮮感了，或者不夠好看不夠有趣就把這款設備遺棄了，而只要這款設備達到了他們所要的那個單一的結果就可以了。

比如高血壓患者每天都需要定時測量血壓、按時服藥，那麼這款設備能測出精準有效的血壓數據就行了。對於可穿戴設備研發人員而言，也只要把設備打造得使用更加方便、精準，比如能 24 小時黏附在用戶身體上的某一個部位，自動定時進行血壓測量，並且還能將數據分析回饋

到使用者的手機上，最後還附帶生活飲食建議以保持血壓穩定等。此外，還可以跟醫院聯通，儘量減少慢性病患者去醫院的次數，使無論身在何處的患者都能夠和醫生有穩定的溝通。如果前期的健康管理工作做好了，一切體徵都穩定，自然還能減少患者去醫院的次數。

英國華威大學的一位研究員 JamesAmor 博士認為，老年人如果能佩戴可測量心率、體溫、運動和其他生理特徵的智能手錶或智能服裝，整個活動監測就可以讓家屬和護工瞭解老年人的健康和日常行為。同時，利用可穿戴設備，基層醫療衛生機構可以建構各大社區的居民電子健康檔案，及時瞭解社區慢性病流行狀況和問題。這在個基礎上，除了能幫助慢性病患者管理疾病之外，還能搜集相關的數據樣本用於醫療研究。

因此，這類人群未來會成為可穿戴醫療領域內最穩定的用戶群體，而反過來，他們也是真正需要醫療可穿戴設備的人群。而且，**伴隨著高齡化、慢性病等給社會醫療帶來的壓力，醫療可穿戴設備能否從新的角度切入為用戶帶來更多切實的價值，也關係著國家的經濟和發展。**

（4）醫療可穿戴設備將大幅降低醫療成本

我們都知道，慢性病往往需要頻繁的複查、長期的治療和藥物的支持，才能控制病情。而這就需要患者保持持續穩定的就醫習慣，要投入時間和金錢上的巨額成本。

以糖尿病為例，我們做如下說明。

據 2012 年 11 月 14 日聯合國糖尿病日，中華醫學會糖尿病學分會 (CDS)、國際糖尿病聯合會 (IDF) 聯合發布的一項中國糖尿病社會經濟影響研究的結果顯示。

① 中國糖尿病導致的直接醫療開支占全國醫療總開支的 13%，達到 1734 億元 (250 億美元)。糖尿病患者醫療服務的使用是非糖尿病者的 3 — 4 倍 (包括住院和門診次數都大大增加)。

② 糖尿病患者的醫療支出是同年齡同性別無糖尿病者的 9 倍。病程 10 年以上的患者醫療開支較病程 1 — 2 年的患者高 460%。病程超過 10 年的人家庭收入的 22% 用於糖尿病治療。

《2014 中國衛生和計劃生育統計年鑒》的數據顯示：中國糖尿病的患者已經達到 9800 萬，顯然已經成為一個重大的公共衛生問題。既然這個問題已經出現，那麼我們需要做的就是想對策來進行應對，如此一來，「互聯網」醫療就來了，而可穿戴設備作為現代科技的產物，同時又是新概念醫療領域內的核心載體，不得不被一次次地提起。

在 2015 年的博鰲亞洲論壇「智能醫療與可穿戴設備」分會場上，ARM 首席執行官 Simon Segars 更是提到了可穿戴設備在未來醫療領域內產生的一大價值，即降低醫療成本。比如那些身處偏遠山區的慢性病患者，基於遠端醫療技術，在借助醫療級別的可穿戴設備，能夠及時獲得醫療資訊與醫療支援，使他們省去一趟趟大老遠跑到醫院檢查的成本。同時，患者還可以通過醫療可穿戴設備，經常與主治醫生保持穩定的聯繫，溝通交流病情，更好地遵照醫生的吩咐服用藥物、生活等，這不僅能更有效地控制病情，還可以由此降低就醫頻次，減少醫療費用。

（5）醫療可穿戴前路方向

面對市場的需求和呼籲，尤其是新醫改送來的「餡餅」，醫療可穿戴設備又該如何去接呢？這就需要醫療可穿戴設備的研發和製造人員，能有的放矢，練好內功。

大部分的慢性疾病都有以下這些特點：疾病存在一定的規律性，可以通過規律性的藥物來控制，而一旦離開藥物，病情很容易會惡化，比如血壓升高、血糖紊亂、心律不整等。

從當下可穿戴設備所宣傳的功能，我們看到很多產品的功能強大到什麼數據都能測。問題就出來了，顯然這分散了本來就已經很單薄的研

發精力，從而導致產品所監測的數據不準確並且嚴重碎片化。這樣的產品對使用者來說，其實就沒有太大的意義了。

相反，如果一種可穿戴設備只專注於一個功能進行研發，比如只針對患慢性疾病人群的血壓、血糖、心率等生命體徵的測量。這樣，一方面可以最大限度地降低由於產業鏈技術不完善所帶來產品的技術、性能、體驗的制約；另一方面集中專注的功能技術開發，能最大限度地保障產品技術的可靠性。換而言之，功能做得最少，就越容易將該功能做到極致，一步到位打造成醫療級別的，市場也就越容易被打開。

舉個例子，專注於打造一款血壓儀，如果定位其用戶群體為老年人，那麼就要圍繞著老人的生活習慣、認知能力等進行設計、開發，使設備的操作儘量簡單。如果定位為中年成功人士，則需要類似於 Apple Watch 的理念，需要時尚的外觀。此外，對於老年人使用者群體而言，除了在數據測量精準的基礎上，還要能給用戶提供一些附加價值，比如能夠以語音的方式告訴使用者血壓數據，如果數據顯示血壓偏高，那麼能及時提醒使用者需要注意的事項，並將這一情況同步給使用者的監護人。

傳統的電子血壓儀已經存在於市場很久，相關的技術也相當成熟，而在可穿戴設備時代，要考慮的就是如何在這個基礎上使這款設備更加智能，使用性能更優，更人性化、更直觀。雖然，全範圍的物物相聯當前還難以實現，但設定的點對點的連接技術已經很成熟，而這對於一款智能血壓儀來說就足夠了。比如，設備能在患者病情特別不穩定的時候自動聯繫其主治醫生，或者在發生意外情況時，主動呼叫就近的看護人員等。

9.3 人群細分

德國消費調研公司（GFK）在 2014 年 10 月發布的一份有關可穿戴

市場調研報告顯示：有 1/3 的可穿戴設備使用者在買到產品後 6 個月內就「丟棄」了。美國《連線》雜誌也撰文指出，超過半數的美國健身客戶已經不再使用各類可穿戴健身設備，1/3 的客戶使用不到 6 個月，就把這些設備扔進抽屜，或者送給朋友。

可穿戴設備使用者黏性差，原因肯定是多方面的，可能是因為價格太高、設計太差、功能太怪等，但我認為最根本的問題是，其功能都非用戶的剛需，換句話說就是沒有找著用戶的痛點。

設備上那些心率監測、步數計算等功能，前期當「噱頭」招攬顧客還可以，但聰明的用戶很快就發現了這些數據都不怎麼準確，而且以前使用者沒有這些監測 設備，生活依舊過得多姿多彩。這也就是為什麼許多針對健康管理、運動保健、社交娛樂類的產品，在最後都沒有很好的歸宿，被輕易遺忘了。

可穿戴設備肯定不能再像剛開始那樣，把自己打造成一款萬金油性質的產品，而是要對市場進行垂直細分，針對不同的人群開發功能。尤其是在可穿戴醫療領域內，只有足夠精準細分，才能真正使產品打動使用者，占領市場，走入用戶的生活中。因此，如何定位市場，如何做到足夠精準細分，使產品真正打動使用者，占領市場，是整個醫療可穿戴設備市場未來發展的主要方向。

根據市場細分原則，可穿戴設備可以從運動手環、智能手錶、智能眼鏡等不同的產品形態入手做市場規劃，使目標更加明確清晰化。另外，更為重要的就是根據不同的人群進行市場細分，比如嬰幼兒、兒童、女性群體、老年人、殘疾人士等，研發針對他們需求的設備。

（1）嬰幼兒類設備

由於嬰幼兒各方面的意識薄弱，且時刻需要被監護等特殊需求，因此，針對他們的可穿戴設備在安全性方面需要達到更高的要求。

這類可穿戴設備的主要功能是記錄與監控嬰幼兒的睡眠品質、翻身運動、體溫、心跳等健康指標，將數據傳遞到父母的電腦或手機上，並進行一定的處理分析服務。同時，如果出現嬰兒爬出或掉下嬰兒床的意外狀況，此類設備需要即時通過簡訊等方式向監護者發出警報。

近期已出現了各種針對嬰幼兒研發的可穿戴設備，以幫助年輕的父母快速成為育嬰高手。

Sproutling 公司推出的一款嬰兒智能腳環（圖 9-1），可以時刻監測寶寶動作、心跳和室內環境（包括溫度、適度、雜訊、燈光等），除此之外還具有定位功能，用來匹配所在城市的天氣數據。

圖 9-1 Sproutling 公司推出的嬰兒智能腳環

這款腳環由室內感應器、腕帶和手機軟體三部分構成。腕帶採用白色醫用材料，正中一顆紅色桃心，內置電池和四個感應器。此外，Sproutling 公司還專門建立了一個 0 — 1 歲嬰兒的健康資料數據庫，父母

可以事先設置好寶寶的年齡、體重、身高等數據，並通過手機與這款設備進行連接，一旦數據分析出現異常，Sproutling 腳環會立即自動發出警報以提醒父母注意。即使父母不在寶寶身邊也能時刻關注到寶寶的身體狀態，也就不用整夜整夜地睡不踏實，擔心自己睡太沉了、擔心寶寶摔下床或者其他不好的事情發生。

目前，市面上類似於這樣的產品還有 Owlet 嬰兒護理公司研發的智能襪、Mimo 公司和 Exmovere 公司生產的嬰兒智能睡衣、紐約 Pixie Scientific 公司研製的智能尿布等。中國目前還沒有自主研發的針對嬰幼兒的可穿戴設備，但寶寶樹近期推出了針對孕婦的智能手錶 B-smart，這款設備運行安卓系統，可以監測孕婦的體重、胎動，記錄運動和宮縮的情況等。

對於準確監測還在媽媽肚子裡的寶寶的各方面的數據而言，其複雜程度肯定遠遠大於已經出生的嬰幼兒，然而這也不失為另一個具有開發潛力的市場。寶寶樹也計畫會繼續推出一系列監測嬰兒成長相關內容的設備，但具體計畫目前還不曾透露。

無論是還在媽媽肚子裡的胎兒還是嬰幼兒，都是一個非常特殊的群體，如果某款可穿戴設備能夠在非常安全的前提下達到對各方面的數據進行準確跟蹤、記錄和分析，其市場潛力將是無限大的，並且很有可能成為剛性需求。

另外，可穿戴設備企業可以聯想到與嬰幼兒密切相關的年輕父母，從培訓他們快速成為育嬰高手入手，通過理論與實際相結合的教學方式，為他們提供循序漸進的課程。也可以在產品形態上根據寶寶的成長需求進行升級，這在一定程度上能夠提高用戶黏度，甚至會伴隨孩子渡過整個未成年時期。

總而言之，嬰幼兒群體對於可穿戴設備的四大主要要求就是安全、舒適、準確、及時，企業若考慮進入這一市場，除了硬體以外，還需搭建完善的服務平臺，特別是傳統的從事生產嬰幼兒產品的企業，利用自

身對這一市場的瞭解以及前期累積的用戶群體，在合適的時間推出可穿戴設備，將更容易首先撬動這個市場。

（2）兒童類產品

據調查，中國內地每年約有 20 萬兒童失蹤，而最終能夠找回的只占了其中的 0.1%，每一個走失或者失蹤孩子的背後都是一個再也無法完整的家庭，兒童安全也逐漸成為整個社會越來越重視的公共安全問題。

目前市面上大部分針對兒童的可穿戴設備，其功能相對比較簡單，主要是定位與追蹤，而這也是繼健康管理之後，可穿戴設備的又一大「戰場」。用於保障兒童安全的可穿戴設備大部分都是基於「硬體＋軟體＋雲」三合一的運作方式，企業除了研發基本的硬體以外，還開發相應的手機應用及數據分析平臺，以給用戶帶去更全面優質的體驗，同時也開拓更多潛在的獲利空間。

2013 年 10 月底，奇虎 360 推出了售價 199 元的（兒童安全手環），能夠即時監測孩子的安全，並具備安全區域預警、通話連接等功能；國外的兒童智能手錶 FiLIP 可以通過 GPS、WiFi 和蜂窩網路將孩子的位置資訊發送到家長的手機上，還能用來撥打電話。

中國內地的「聽風平安衛士」推出了一款專門針對兒童的智能手環 SmartUFO，這款設備相對於其他設備最大的不同之處在於，它加入了 WiFi 定位系統。

通過檢測周圍環境中的 WiFi 熱點的 MAC 地址，SmartUFO 就能判定這些熱點的具體經緯度，再推算出設備的位置，定位精度可達 20 — 100m，能耗則只有 GPS 的 1/20，待機時長可達兩周。

在兒童安全領域的可穿戴設備，從 2013 年就已經開始不斷湧現，除了前文介紹的這幾款之外，還有目標使用人群為 3 — 12 歲的兒童智能手錶 Hereo、Tinitell 手腕式兒童手機、LeapBand 兒童追蹤器以及 LG 名為

Kizon 的可穿戴設備等，這些設備的共同特點就是均有定位系統，但也有一個共同的不足之處，即這些設備在脫離了兒童之後便不產生作用。比如兒童無意識將設備摘下或者掉落遺失，另外則是人口販子故意將其摘下丟棄等，都將造成定位失效。

對於想要進入這一領域的企業或者創業團隊而言，除了研發續航能力更強、定位更精準、輻射值低等特點的兒童定位可穿戴設備以外，還要想方設法解決設備會因各種原因離開兒童身體這一致命的弱點。

（3）老人類產品

養老已經成為全球共同的難題，特別是伴隨老年人而來的慢性疾病以及護理問題，成為各個國家在醫療方面不可忽略的一筆財政開支。對於這兩個問題，可穿戴設備開發者便可以研發居家養老類的設備以及搭建相應的社區養老大數據平台來緩解養老問題。

特別是在重視養老觀念的中國，智能化居家養老將成為未來的主流。根據有關調研，選擇居家養老的老年人占 90%，只有約 10% 的老年人選擇機構養老。在這種情況下，如何把養老服務延伸到居家養老的老年人，滿足他們對社會化養老服務的需求，是市場關鍵的發力點。

此外，目前全球 3000 多萬老人患有阿茲海默症（俗稱：老年癡呆症），其中更有超過 1/4 在中國。老年癡呆症患者部分喪失了行為自理能力，最突出的問題就是出門不認路，離家稍遠就會走丟。因此，可穿戴設備除了記錄老年人的心跳、呼吸等健康指標外，還需要記錄老年人的即時位置。

此類產品目前同樣處於初步開發的階段，市場上還沒有出眾產品，主要的產品載體是鞋子、手機或者掛件。美國阿茲海默協會推薦的 Comfort Zone 產品 CMA800BK，如同一張名片大小，重量為 50g。放在患者口袋之後，監護者就可以一鍵即時獲知患者的精準位置。當患者走

出安全區域（ComfortZone）時，監護者就會馬上收到簡訊提醒。

　　這個產品基於高通的 inGeo 平臺，需要網路連接，內置 GPS 晶片，可以遠程遙控。目前售價為 99.99 美元，但每月還需要 14.99 美元服務費。此外，如果老人可以攜帶智能手機，也可以直接用 Sprint 的智能手機，通過專門的 Comfort Zone 實現這些功能，每月需要額外繳納服務費 9.99 美元。

　　很多老年癡呆症患者喜歡走動，而且他們對陌生事物多少有點抵觸，因此手機、感應器之類的產品或許需要一定時間才能得到老年人的認可。美國 GTX 與 Aetrex 製鞋公司聯合研發的定位鞋子，做到了化定位設備於無形，老人或許根本就感覺不到自己攜帶了 GPS 設備。

　　這款鞋子看起來和普通鞋子沒有明顯區別，但其中內嵌了 GPS 晶片，監護者可以通過手機和電腦軟體，即時獲知患者所在的位置，同樣具有安全區域提醒功能。而國內目前也有一些企業以智能手錶為載體，主打老人健康監護方面的功能，通過智能手錶在老人、醫院、親屬之間建構一個資訊圈，除了日常的健康監護與提醒之外，還可以在老人發生一些緊急的生命危急情況下自動連接 120 開展救護。

（4）肥胖人群

　　2014 年的 5 月，國際衛生研究人員在對全球的肥胖情況進行調查後指出，目前全球有近 30% 的人口肥胖或超重，這一問題給全球各國都帶來了沉重的負擔。

　　另外，中國的肥胖人口數量為 4600 萬，排名全球第二。而近日百度副總裁曾良基於百度大數據分析指出，2.9 億中國女性網友在百度平臺上搜索最多的一個詞就是「減肥」。

　　隨著社會物質生活水準的改善與提高，以及食品問題導致肥胖人群的年齡開始趨於低齡化。過去 30 餘年，已開發國家男孩和女孩的肥胖和超重比例分別達到 24％和 23％，開發中國家男孩和女孩的肥胖和超重比

例則均達到 13％，而這一比例還在不斷上升。

1980 年時，全球超重和肥胖人口為 8.57 億人，而到 2013 年則增至 21 億人，肥胖人口數量隨著全球人口數量的增長呈上升趨勢。

世界衛生組織指出，每年約有 340 萬名成年人死於肥胖導致的心血管疾病、癌症、糖尿病和關節炎等各種慢性病，顯然，肥胖已經從關乎身材至如今關乎一個人的性命安危了。

然而，目前還沒有一個國家對這個問題能有一個好的應對策略，肥胖問題已經成為了全球範圍內一個重要的公共衛生挑戰。

解決肥胖問題，節食或者抽脂都是治標不治本的非可持續性策略，唯有通過長期有規律的運動和飲食，以及良好的生活習慣才能從根本上解決這一問題。所以，如何讓這個群體願意去運動並且達到自然減肥效果，還能幫助他們建立良好的生活習慣，提高身體健康指數，我認為這才是整個減肥運動市場真正的「痛點」。

近幾年開始逐漸火爆起來的可穿戴設備已經成為這一市場的敲門磚，而未來，它將成為減肥市場最具競爭力的產品，因為它的優勢明顯，主要有以下四方面。

首先，可穿戴設備可以 24 小時貼身佩戴。目前還沒有任何一款智能設備能夠做到這樣，即使是手機，用戶也會因著輻射儘量在晚上入睡時，將其關機並放置在離自己比較遠的地方。

其次，**可穿戴設備 24 小時即時不間斷監測使用者健康數據。這是可穿戴設備目前最大的價值所在，因為產生的這些數據將可以用於生活的各個方面，特別是在醫療健康方面產生的影響，將帶領我們進入「未病」時代。**

第三，可穿戴設備的社交化及與醫療保險公司的合作將促使用戶持續參與運動，從而建立良好的生活習慣。

另外，目前市場對於運動健康類設備或者手機應用正處於一個高增

長的活躍度。隨著可穿戴設備的優勢在這一方面的日漸呈現，其在健身減肥市場的爆發將會隨之到來。

筆者一直說**健康醫療行業將首先成為可穿戴設備市場的增長點，根據市場細分準則，專注於其中的減肥人群會成為可穿戴設備的又一個發力點。**

從上文對市場背景以及可穿戴設備本身優勢的闡述，都在證明可穿戴設備在減肥市場將大有作為。因此，筆者建議可穿戴設備的投資者及創業者們，**可考慮從減肥這一細分市場切入，這將會是可穿戴設備又一個極具潛力的市場。**

（5）殘障人士

如何幫助殘障人士更好地生活，融入社會，成為世界關注殘障人士的各界人士所思考的問題。而可穿戴設備無疑是幫助殘障人士最好的辦法。通過開發一系列可穿戴設備，幫助殘障人士像健全人一樣生活，顯然具有極其廣闊的市場和發展空間，如利用外骨骼（Exoskeleton）幫助癱瘓人士重新站起來，利用特殊的眼鏡幫助盲人重新獲得「光明」，利用先進的設備和系統幫助聾啞人重新「說話」等，都有許多科技公司開始著手開發甚至投入市場。

① 人造眼球

一家生物創業公司研發了一款人造眼球（圖9-2），採用EYE（enhance your eye）系統，能讓盲人重新看清這個世界。公司主要採用3D列印技術製造人體器官，目前已成功製出耳朵、血管、腎臟等。不過據負責人表示，由於其自身的複雜性，眼球要被成功列印出來的確是一件不簡單的事情。

目前公司提供了三種不同款式的眼球系統。HEAL為標準版本，擁有電子虹膜；而ENHANCE則增加了電子視網膜及攝像濾鏡（復古、黑白模式等）；而最高端的ADVANCE還增加了WiFi功能。感覺眼球變成

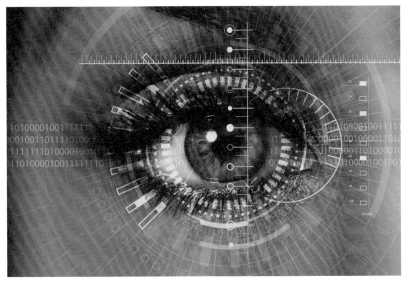

圖 9-2 人造眼球

了和手機一樣的電子設備……

如果要使用 EYE，患者需要摘除原有的眼球，然後植入 Deck 視網膜，令其和大腦進行「匹配」。

研究者表示，人造眼球預計要到 2027 年才能真正上市，暫時也沒有相關的實物圖。

②針對自閉症兒童的緊張情緒控制設備

自閉症兒童有時在發聲時會面臨巨大困難，特別是在他們感到緊張的情況之下。為此，老師和家長都需倍加小心，以防止這些兒童緊張。

研究表明，約一半的自閉症兒童在從家中去學校或從學校返回家中的某個地方走失。其中的部分原因就是由於他們緊張，另外的原因則是他們在面臨危險時驚惶失措。

針對這個問題，可穿戴設備領域已經推出了兩款用於控制自閉症兒童不安情緒的設備，分別是 Neumitra 和 Affectiva，這兩款設備旨在測量人的生理反應。這些設備能夠用於各種醫療目的，例如追蹤病人創傷後

的緊張情緒和焦慮不安等資訊。這些智能腕帶還可以針對成千上萬的自閉症人群，可以讓他們的看護人更加容易地追蹤他們的緊張程度。

目前，相關機構已經開始測試 Affectiva 腕帶。據美國俄亥俄州的自閉症協會稱，學校的老師會在班上分發這種腕帶，之後老師將利用這些腕帶跟蹤學生的行為或行動。

③ 意識控制的輪椅

一家名為 Emotiv 的初創型公司舉辦了一個「設計大賽」活動，邀請開發者使用該公司的神經技術，以打造相關的新應用。其中的一個應用就是為行動不便人士提供通過意識控制輪椅的應用。

Emotiv 已經研製了一款耳機，能夠接收從人腦傳出的電子信號，並把這些信號轉化成行動。斯諾德格拉斯稱：「人腦控制的輪椅能夠讓行動不便者更加容易地實現目標，相關設備百分之百會成為未來的一大重要的可穿戴設備。」

意識控制輪椅的理念最初來自於阿爾伯特・王（AlbertWong），一位來自馬來西亞的法律專業畢業生，他患了假肥大型肌營養不良症。王的家人聯繫到了 Emotiv 公司，並要求這家公司生產一種系統，以便王能夠通過各種大腦指令、面部表情和人頭轉動等來更好地與他人交流。雖然不久後王就離世了，不過，Emotiv 公司卻計畫繼續與殘障人士展開密切合作，特別是那些從脖子以下全身癱瘓的人士展開合作。

④ Emotiv Insight Brainware

這是一款飛利浦與資訊技術諮詢巨頭 Accenture 聯手共同研發的可穿戴腦波追蹤設備，以實現幫助明肌萎縮性脊髓側索硬化症（ALS，又稱漸凍人症）的患者提供控制周圍環境的可能。

Emotiv Insight Brainware 可以掃描患者的 EEG 腦電波，並據此繪製出「人機交互介面」，隨後，設備所採集到的數據將傳輸到平板電腦上，讓「漸凍人症」患者通過平板電腦發出指令來控制飛利浦公司的電子產

品，比如智能電視、燈泡以及撥打電話需求醫療報警服務等。

⑤ Motion Savvy

Motion Savvy 是由 Leap Motion 硬體加速器 AXLR8R 所扶植的一家創新公司，與一般公司不同的是，目前包括創始人 Ryan HaitCampbell 在內的公司 9 名成員皆是失聰人士。公司 CEO 兼創始人 Ryan HaitCampbell 五歲時便失聰，借助了機器的幫助學會了說話。

Ryan HaitCampbell 希望能通過自己的努力研發出一款廉價但有效的設備，幫助更多的聾啞人可以和他一樣與這個世界正常地交流。若干年前，他與一名軟體工程師 Alex Opalka 聯手，後來又有 Jordan Stemper 和 Wade Kellard 加入，他們共同創立了 Motion Savvy。

該公司發布的產品名為「UNI」，這款產品包括硬體和軟體兩個部分。硬體部分是一個和 iPad mini 差不多大小的平板電腦，上面會嵌入 Leap Motion 的感測器，當用戶（聾啞人）要說話時，由 Leap Motion 捕捉手語，接著就由軟體來解讀和翻譯用戶的手語，先把它翻譯成文字顯示在螢幕上，然後通過一個人工翻譯的聲音把這些話「說出來」。

到目前為止，該產品還沒有正式發布，也暫時只支持美式手語。過去一年中，他們都在為系統「錄入」手語資訊，Ryan HaitCampbell 計畫把該系統做成一個類似於 Google Translate 系統，一端記錄聾啞人的手語資訊，一端直接把手語翻譯為語音。

（6）專業運動類產品

與大眾健康類可穿戴設備不同，專業運動類智能設備需要更加精準地測量運動員的心跳、呼吸及其他身體指標，監控他們在運動場上的速度、跑動距離、耐力等數據。後期還需要更加專業的數據分析套件，幫助隊醫瞭解每名運動員的身體狀態，從而制定出不同的訓練和恢復計畫。此外，教練可以更加直觀地瞭解隊員的狀態，挑選最適合的球員上場比賽。

這一類型產品長期不為普通人關注，目前主要的產品有球衣、運動內衣，以及專門為帆船、登山、高爾夫、拳擊等運動研發的可穿戴設備。這類產品與其他普通的可穿戴設備最大的不同在於能夠為運動員制定專項的運動訓練計畫，精準地指出運動員在訓練過程中的錯誤，並且有針對性地對其進行指導糾正。

　　前不久巴黎聖日爾曼足球隊的瑞典球星伊布拉希莫維奇在比賽結束後，脫下自己的球衣，露出了黑色內衣，令諸多球迷感到非常好奇。實際上，這是專業運動設備公司 GPSport 推出的運動數據內衣，可以即時監控球員們在場上的身體和運動狀況。

　　巴黎聖日爾曼隊、皇家馬德里隊、切爾西隊等諸多球隊的隊員也採用了 GPSport 的產品，只是運動員很少會露出來而已。

　　除了 GPSport 的運動數據內衣，還有直接將記錄晶片嵌入英式橄欖球球衣的產品 Bro。這也是一款 GPS 記錄晶片，可以幫助球隊教練和隊醫瞭解每名隊員的狀況。如果一名球員的身體素質和運動狀態出現下滑，教練可以在 iPad 平板或者電腦上通過數據分析得到直觀的答案，從而選擇狀態更好的球員上場。

Memo

第十章

旅遊

第十章

旅遊

10.1 中國線上旅遊市場持續增長

　　隨著中國居民收入逐步提高以及移動互聯網的發展，人們對旅遊出行的需求出現了密集增長。移動互聯網發展使得用戶能夠隨時隨地使用線上旅遊服務，極大地拓展了線上旅遊市場空間，成為刺激整個旅遊行業往前發展的一大因素。

　　根據中國互聯網信息中心的數據，截至 2014 年 6 月，中國網友規模已達 6.32 億人，互聯網普及率達到 46.9%，其中旅行預訂的網路使用者規模達到 1.896 億人，網路使用率達到 30%；手機網友規模也已達到 5.27 億人（圖 10-1、圖 10-2）。

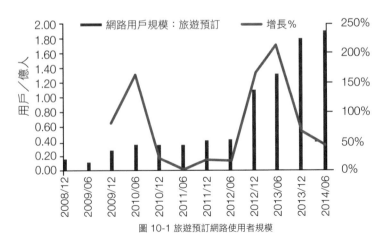

圖 10-1 旅遊預訂網路使用者規模

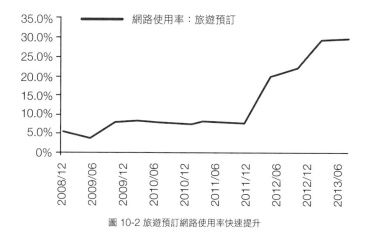

圖 10-2 旅遊預訂網路使用率快速提升

　　2013 年中國線上旅遊市場交易規模 2181.2 億元，同比增長 27.7%，在線旅遊滲透率為 7.7%。線上旅遊市場的增長主要取決於線上機票、酒店和度假等業務，尤其是受到線上休閒旅遊迅速崛起的影響，酒店和度假業務迎來爆發增長期；線上短租、線上租車和叫車（打車）等新業務的興起也為線上旅遊市場帶來新的增長點（圖 10-3、圖 10-4）。

　　2014 年中國線上旅遊市場持續較快增長，前三個季度分別實現交易

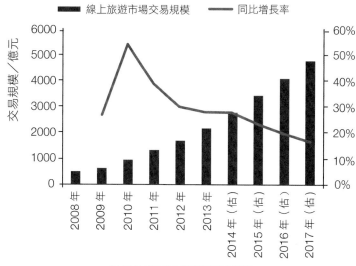

圖 10-3 中國線上旅遊市場交易規模

規模 582.0 億元、630.4 億元和 726.4 億元，同比增長率分別為 20.6%、20.2% 和 20.0%。

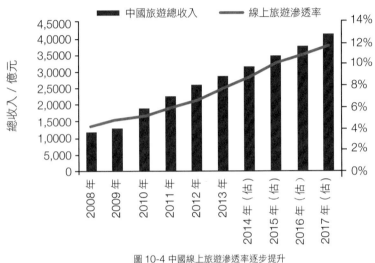

圖 10-4 中國線上旅遊滲透率逐步提升

　　從上面的數據中，我們可以預見到未來的旅遊行業將不斷地朝更加智能的方向發展，由此，在接入可穿戴設備之後，我們可以對未來的旅遊行業可能出現的商業模式做一些預測。

10.2 可穿戴設備：打造個性化智能旅行

　　當決定出去旅行的時候，為了使每次旅行都記憶深刻，我們往往需要提前做好各種準備。以當下特別流行的窮遊為例，我們要做的準備工作有：計畫大致路線，準備交通工具，預定旅社，查詢氣候變化，搜羅旅遊攻略，做好經費預算，帶齊各種證件（身分證、護照、各國簽證等），一個無比沉重的行李箱（針對不同天氣準備的衣服、配多個鏡頭的單反相機、附充電寶的通信工具等），此外如果是跨國旅行的話，還得集中

學習一下不同國家最基本的交流語言。

總而言之，想順利地完成一場有趣又有意義的旅行，從來都是一件辛苦的事情。

接著咱們切換畫面，腦洞大開[1]一下，在可穿戴設備時代的旅行是這樣的。

某天，你百無聊賴地坐在自家沙發上，手握遙控器尋找好看的電視節目，但是發現來回按了好幾遍也沒有找著。

此時，你身上的可穿戴設備們正在運用內置的高精度感測器分析你此時此刻的情緒，還對你所有的社交數據進行了綜合分析，最後得出的結論是：你應該來一趟精彩的旅行以充實生活了。之後，**這些智能設備會根據你的愛好、品味推薦相關的旅遊路線，介紹每條路線的特點以及你可能獲得的體驗，然後還會為每條路線做好預算，防止你超支**。總而言之，你要做的選擇就只有一個：要不要去旅行。

可穿戴設備已經給許多領域帶來了深刻的變革，如醫療、遊戲、健身等，而顯然這種變革將會繼續延伸到與人有關的其他領域，比如旅遊領域。互聯網時代的旅行讓人們提前知道了很多資訊，然後借助這些資訊你可以做相應的準備，但是可穿戴設備時代的旅行，是為你過濾掉了沒有價值的資訊，然後替代你去做相應的準備，為你打造專屬的個性化旅遊方案。

那麼，針對傳統旅遊方式中遇到的種種障礙，可穿戴設備是如何見招拆招的呢？

10.2.1 輕鬆解決一切障礙

（1）身份識別障礙

出去旅行，各種身份證件不能不帶，各種銀行卡不能不帶，不然寸

註1：腦洞大開 腦洞越大補得越多，腦補的意思，含有讓人知識大漲、眼界大開等意思。

步難行，其實，不管是證件還是卡，其中都有一個關卡，就是證明你是你。但這一看似簡單的問題，卻在互聯網時代變得越來越難。

當下的身份驗證方式變得越來越多，安全保障也是層層升級，甚至已經有許多智能設備可以直接採用人體生物特徵，如指紋、心率、臉部特徵等進行身份驗證，這些方式既快速又安全，同時也受到了一大批消費者的歡迎。相比傳統的密碼加密方式，採用人體生物特徵進行加密解密的方式將會逐漸替代前者，成為未來各種社交網站、智能設備、支付方式中最為主流的一種身份驗證方式，它的關鍵就在於能從真正意義上將設備與人體進行深度綁定。

然而，實現這種方式的絕對安全，可穿戴設備會是終極的選擇。為何這麼說？因為穿戴著它，就是個驗證。可穿戴設備相比其他智能設備更瞭解使用者，它的主要職能就在於收集使用者身上的數據，而這些數據在經過後期的加工處理以及回饋，便成為獨一無二的身份識別驗證碼。

換句話說，依託可穿戴設備打造的身份識別方式，不僅是依據某一樣人體生物特徵進行身份識別的，而是依據包括心率、血壓、血脂、臉部特徵、皮膚特點，甚至個人喜好等在內的具體或是抽象的各類數據綜合而得出的一個身份識別碼。

這個身份識別碼是獨一無二且不可替代的，即使你的設備不小心遺失，被他人撿到，也不會洩露任何有關你的個人資訊，因為當它離開你身體的那一刻就失效了。 這就是可穿戴設備巨大的魅力所在，也是它最為殺手級的應用。

出去旅行，免不了一系列繁瑣的驗票流程，你需要早早地趕到車站或者機場，一次又一次地排隊，一次又一次地出示你的身分證、車票、登機證等。此外，整個過程中還可能會出現證件遺失等意外，本該是一件輕鬆愉快的事情，硬是被這些繁瑣的事情給攪黃了[2]，想想都心塞。

註2：攪黃了 把本來很好的事情破壞了，搞亂了。

接著，我們來看可穿戴設備的殺手級應用在旅行過程中將發揮怎樣的作用。很簡單，就是它能讓你的旅行變得更加輕鬆自在，達到無縫便捷的體驗。

可穿戴設備為使用者建立的唯一身份識別碼，比身分證還能有效證明你是你。單單一個可穿戴設備就替代了護照、登機證、身分證等各種證件，以後，你只需出示某款可穿戴設備，就能完成一系列流程。在丟失的可能性這一方面，一隻帶在手上的智能手錶相比各種證件，哪個更有可能丟失呢，明顯是後者，而且就算智能手錶丟了，那你還有智能手環、智能首飾甚至智能衣物，穿戴在身上的任何一樣東西都可以作為你的「身分證」。

此外，可穿戴設備的支付功能，能讓你免去攜帶各種銀行卡、會員卡，並層層加密的繁瑣。它還能作為你酒店的房卡，總而言之，所有卡類都可以歸入一隻可穿戴設備中，所有驗票關卡、支付關卡都只需你出示一隻戴在身體某部位元的可穿戴設備即可通過。

不僅如此，可穿戴設備還會在每一個時刻根據我們的行程，以及後臺大數據對於路況、景區狀況、酒店狀況等方面的資訊，結合我們平時的生活方式，在適當的時候給出提醒與建議。當然，你也可以直接借助於語音對話模式對資訊做出回饋，讓可穿戴設備直接幫你約車、辦理登機證、購票、預訂酒店等。

（2）語言溝通障礙

跨國旅行，除了要考慮簽證、護照、貨幣等問題以外，還有就是語言。流暢的溝通會為我們在旅行過程中減少很多不必要的麻煩，特別是去到一些特殊的地方，需要當地導遊的時候，無障礙的溝通顯得格外重要。在這個問題上，有些人會選擇放棄某個好玩的地方，有些人則會在出行之前花時間去突擊學習一下當地語言，但這只是起到了皮毛的作用，

那麼這個如何解決？帶隨身翻譯呀，但一般人請不起。找可穿戴設備呀，它能為你提供即時的口頭對話翻譯。

谷歌眼鏡已經能夠提供這樣的服務，雖然效果還不是非常理想，但隨著語音檢測、錄入分析等技術的不斷升級更新，解決不同的口音、種類繁多的方言和瞬息萬變的環境等問題時，即時翻譯就有了更大的發展空間了。

一家名為 Quest Visual 的公司已經為谷歌眼鏡開發了一款名為 Word Lens 的應用，可以把看到的外語翻譯成使用者的母語，並顯示在螢幕上。

例如，當用戶出國旅遊，但卻不懂當地語言時，看到一個警告牌或指路牌，便可對佩戴的谷歌眼鏡說：「OK，眼鏡，翻譯一下這個。」於是，谷歌眼鏡就會把指示牌上的內容資訊翻譯成使用者的母語，方便理解。

谷歌眼鏡版 Word Lens 應用可以即時工作，而且可以訪問本地數據。每種語言大約都會在本機存放區約 1 萬個單詞，這樣一來，即使在出國旅行而無法使用移動數據網路時，仍然可以順利享受該應用提供的翻譯服務。

這還是可穿戴設備在翻譯領域相當初級的表現，其未來真正的潛力在於對世界各地的語言進行同聲翻譯，而這其中衍生出的商業機會則是語言包的開發。目前全世界大約有 6000 種語言，每種語言在小範圍內還可能因地域的不同出現發音的差異，因此實際上的語言超過 6000 種，那麼一些企業就可以切入旅遊翻譯建立各種各樣的語言包，為旅遊公司、個人提供有償下載。

這些語言包都是開放的，比如你帶著谷歌眼鏡去了某個原著民部落，他們的語言非常古老，目前還沒有相應的語言包，那麼你就可以將需求發送至平臺，可能 10 min 後，就會有企業上傳了相應的語言數據包供下載。此外，如果你發現即時翻譯的一些 bug，也可以發送至平臺跟進修復，當每個人都如此做的時候，這個語言包就會越來越豐富完善，翻譯也會

相應地變得越來越精準。

當我們解決了某些可能會影響旅遊心情的障礙後，接著就是如何借助可穿戴設備增加旅遊過程中的樂趣。

10.2.2 人人都是自己的導遊

可穿戴設備無疑是所有智能設備中最佳的數據載體，它不僅是數據的輸入端，同時還是數據的接收端，而這將為旅遊帶來無限的發展空間，最有可能先發生的就是傳統的導遊將會失業（下崗），主要原因是可穿戴設備比導遊更專業。

如果我們有跟團去旅行的經歷便會知道傳統的導遊的作用，不外乎給旅行團成員規劃旅行路線，安排衣食住行，以及到達每個景點時做一些基本的講解等，總而言之，導遊在整個旅行過程中的作用還是相當凸顯的，沒有他們，旅行團就仿佛群龍無首，寸步難行。但是，受未來的旅行衝擊最大的行業將會是導遊，這咋整的[3]？如果你真正地去體驗一下可穿戴設備時代的旅行，就知道現在的導遊相比差遠了。

我們就拿谷歌眼鏡為例，它才是一個全能型的無敵導遊。谷歌眼鏡可以在用戶的眼前投射虛擬的成像，並且內置語音瀏覽，真正做到了解放用戶的雙手，那麼把它嫁接在旅遊行業會給整個旅遊行業帶來怎樣的顛覆呢？

以後你只要帶上谷歌眼鏡出去旅行就行了，即使是一個人也絕對能玩得有滋有味，不會迷路，不會找不到道地的小吃，不會搭錯車，不會訂不到性價比高的旅社，不會進到一個景點而不知其來龍去脈……總而言之，你去到一個地方，整個地方真真是「盡收眼底」，而很多是傳統的導遊所無法給予的。那麼谷歌眼鏡是怎麼做到的呢？對！是依靠旅遊數據包的開發。

註 3：咋整 東北話，怎麼辦、怎麼做到的意思。

旅遊數據包會成為未來可穿戴設備時代旅行的一大核心，而這也會養活一大批人。這是個什麼概念呢？很簡單，我們就拿北京這座城市為例，可以開發出的數據包類型包括北京旅遊攻略數據包、北京道地小吃數據包、名勝講解數據包、北京虛擬旅行數據包等等。當你要去北京旅行時，就可以先通過谷歌眼鏡下載北京虛擬旅行數據包，看看故宮裡面長啥樣，自己是否有興趣；下載一個北京旅遊攻略數據包，看看網友們提供的各種旅行方案，哪個既省時又省錢；下載一個北京道地小吃數據包，直接像多啦 A 夢的任意門一樣，能夠立刻看到北京的街頭，哪家店的生意最火爆，小吃長啥樣，價格多少。

出去旅行不外乎衣、食、住、行、玩五個方面，而未來就會有這樣一些企業專門為旅行的各個方面開發不同性質、類型的數據包，使用者只需付錢就能下載這些數據包，然後就輕鬆解決了這些原本費時、費錢且費力的事情。

此外，這些數據包的數據與上文的語言數據包一樣，也是開放且隨時更新的，比如你下載了一個北京道地小吃數據包，裡面收集的小吃是根據網友評價自動進行排序推薦的，並非後臺的廣告推廣。另外，假如你嘗試了某一款小吃，感覺偏甜，就可以通過谷歌眼鏡以語音的方式留下你對這款小吃的評價：×× 吃起來口感還不錯，就是有些偏甜，不咋愛吃甜的小夥伴慎買。就這樣，你的評價很快就會被上傳到平臺上，供其他驢友[4] 參考。

與可穿戴設備翻譯功能進行嫁接之後，你就可以帶著谷歌眼鏡進行全球旅行，不會因為語言不通而限制你去到某些想去的地方。

可穿戴設備時代的旅行不再是走馬觀花，而是一場實實在在充滿樂趣，短暫地「出軌」到他人生活當中的行走。此刻，我們再回到開始的那個問題，導遊們還有存在的必要嗎？

註 4：驢友 泛指愛好旅遊，經常一起結伴出遊的人。

10.2.3 做到真正輕裝上陣

我們在出門旅行時，經常會被該帶哪些東西而整得焦頭爛額，最後，在認為自己已經是非常有分寸的情況下，還是妥妥地整了一個大大的行李箱，正所謂「天底下有兩樣東西必須得帶，就是這得帶，那也得帶。」

就拿衣服和相機來說，如果你是從玉龍雪山玩到新馬泰，這估計得準備四季的衣服，另外，出去玩肯定要拍照，如果你對照片品質有要求，那麼單反相機省不了，更進一步就是帶不同功能的鏡頭、三腳架等等，僅攝影器材加起來估計就要幾十斤了，總而言之，越是長的旅行，越難以做到真正的輕裝上陣，但是可穿戴設備能。

比如衣服，帶一件智能衣服就行了，它能夠根據不同旅行地的氣溫自動進行調節，冷的地方，它就增強保暖和保濕功效，熱的地方它就降低溫度，變得更加透氣等等。如果再加入 4D 列印技術，使這件衣服能根據不同的環境變換外在造型，就更酷了，至少在沙灘上，你得穿泳衣吧。

在旅行記錄方面，可穿戴設備不僅讓使用者省了很多力氣，更為重要的是給用戶帶來了全新的記錄和分享方式。往常我們用單反、卡片機或者手機記錄下旅行過程，但這其中有個遺憾，就是回來和家人或者朋友們分享這一切時，往往引起的共鳴並不是很強烈，因為即使有拍攝的照片或視訊輔助想像，未去過的人也無法完全體會置身其中的樂趣。

這個時候，你要做的是放棄傳統的記錄方式，用虛擬實境設備記錄這一路上你的所見所聞，而你的朋友或者家人則可以通過這款記錄了旅途中一切的虛擬實境設備來體驗一趟亦真亦假的旅行。

虛擬實境技術最大的特點就是給用戶帶來沉浸式體驗，讓你忽略周遭的世界，進入一個虛擬的環境，採用頭盔和眼鏡的模式以「欺騙」眼睛的方式，來影響你大腦的判斷，而這就是未來旅行記錄的方式。例如，虛擬實境設備 Oculus Rift 使使用者能從自己的視角對一趟非洲之旅進行完整記錄，回家後再同朋友們一起分享這段虛擬實境經歷。

以後的旅行，你只需戴上一款既可以當墨鏡，也可以當作相機、錄影機的虛擬實境眼鏡，就能將你旅途中所有有趣的見聞以不同的方式分享給你的小夥伴，而最重要的是，這不僅讓你自己在旅行過程中保持體驗的完整性，獲得更高級的樂趣，同時也讓分享這趟旅行的小夥伴們也有了一次感同身受的虛擬經歷。

10.2.4 虛擬實境旅行

虛擬實境旅遊到底是什麼？看起來很玄乎的樣子，其實用最簡單的方式理解就是，以後你足不出戶就能身臨全世界各處，進行旅遊觀光了（圖10-5）。

圖 10-5 虛擬實境旅遊

虛擬實境技術現在還局限在遊戲領域，但未來這一項技術將會不斷拓展到醫療領域、教育領域以及線上旅遊領域，而旅遊領域將會因虛擬實境技術的到來被進一步顛覆，主要表現在兩個方面，一是改變旅遊地

的行銷方式，二是改變消費者的旅行方式。

我們都知道傳統的旅遊地行銷方式不外乎圖片、視訊，最終目的就是想告訴消費者，這裡真的好吃好玩，你來了絕對不會後悔，但效果都是普普通通，許多人更願意採納自己身邊已經去過的朋友的建議，然後綜合考慮是否要去等等。虛擬實境技術進入旅遊領域，首先改變的就是旅遊地的行銷方式，即消費者可以直接通過虛擬實境技術提前體驗將要選擇去的那個地方，而商家則可以製作相應的虛擬實境視訊來提升旅遊地的人氣。

Destination BC 是最早利用虛擬實境技術促進旅遊業發展的企業之一。他們借助 Oculus Rift 技術，製作了一個虛擬實境視訊—The Wild Within VR Experience。這個視訊是通過 3D 列印的定制裝備攝製的，該裝備周圍安裝了 7 個專門的高清攝影機，通過直升飛機、小船、無人機和步行進行拍攝。整個視訊圍繞加拿大的大熊雨林區，景色令人歎為觀止。

2014 年年底，萬豪酒店也推出了類似的旅行體驗活動，即用戶可以通過 Oculus Rift 直接穿越到夏威夷的海灘和倫敦 Tower 42 大樓的頂部。顯然，旅行、觀光將成為虛擬實境未來重要的發展方向之一，並不是說人們不再需要親身旅行，而是可以借助虛擬實境技術實現預覽、規劃、演示的目的，更輕鬆地制定行程和計畫。

就如 Destination BC 的 CEO 瑪莎·瓦·爾登（Marsha Walden）所言，「我們認為虛擬實境技術很適合用於旅遊行銷」。**虛擬實境技術接入旅行的初期可能更多地是為了行銷，為了通過這種身臨其境的前期體驗吸引更多的遊客前來，但未來的發展方向則是打造完全以虛擬實境的方式完成整場旅行的方式。**

對於一些沒有時間也沒有多少錢，但又想去外面的世界看看的消費者而言，虛擬實境旅行能同時滿足他們多方面的要求，但這一方式要嫁

接在前文提到的旅遊記錄方式上。比如你想去新疆玩，在你沒時間也沒經驗的情況下，就可以先來一場虛擬實境旅行，你可以以沉浸式的方式體驗新疆的地理環境、遊牧場、當地的文化、小吃等等，更重要的是你還能從不同驢友上傳的旅遊數據中發現不同視角下的不同風景，可以說既全面又道地。

此外，對於那些我們永遠無法企及的目的地，如完整的龐貝古城、神秘的金字塔內部、中國自夏至清的各著名景點等等，我們都可以借助虛擬實境技術來一番身臨其境的體驗。

Memo

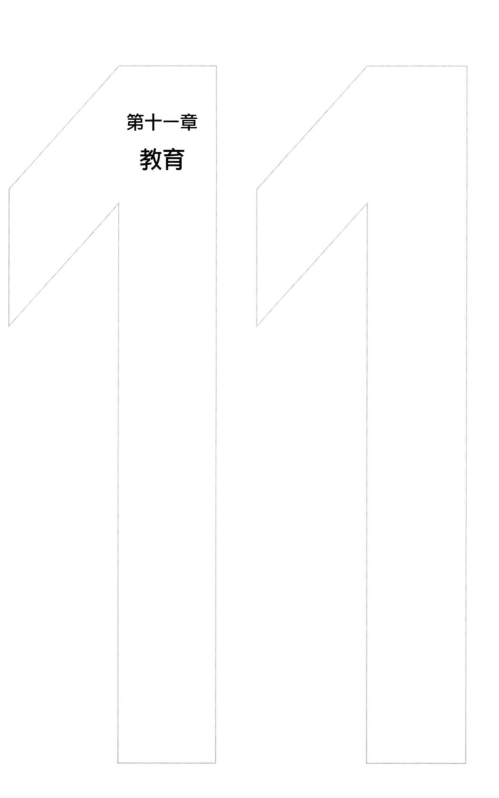

第十一章

教育

第十一章

教育

在移動互聯網時代，人們將能更高效地完成與過去同等量的事情，這種變革涵蓋了生活衣食住行的方方面面，而教育也不例外。這幾年線上教育、O2O 教育、個性化教育、自主教育等教育方式開始不斷在整個教育行業內活動，試圖突破傳統教育方式。特別在教育資源稀缺、配置又不均衡，且教育成本高的中國，這種變革顯得更加迫切。

11.1 教育 O2O

在中國內地，教育 O2O 搞得風生水起，整個行業也在不斷釋放著理想的熱情，百度、阿裡巴巴、騰訊、YY、奇虎 360 等互聯網公司紛紛通過資本運作在線教育 O2O 試水溫，但就目前的發展情況來看並不理想，商業模式不清晰，並且難以做大。

（1）教育 O2O 哀鴻遍野

那麼什麼是教育 O2O ？說到底就是將互聯網教學與傳統的教學結合，不過怎麼結合就各有各家的辦法了。比如傳統的線下教育企業想著教育 O2O 就是簡單地將自家的教育資源搬到線上即可，或者既做內容又做平臺，但最後死路一條，歸根結柢，傳統的教育行業由於缺乏互聯網

思維或者說線上基因而未能使教育的方式發生本質的變化，甚至比線下教育更不理想。

互聯網企業則想著憑藉自己線上技術的優勢做教育 O2O，但是缺乏內容。比如網易公開課標榜不追求盈利，但實際是找不到商業化的路徑，與國內教育環境脫節的內容讓其利潤空間變得微乎其微。語音軟體 YY 也推出了線上教育，然而因其原有用戶多為遊戲玩家，流量難以轉化；阿里巴巴也涉足了教育市場，高調推出淘寶同學，成為名副其實的「教育淘寶」，從正式上線到目前，收錄課程不足千堂，累積內容仍需時間。

最近，一篇題為《在 O2O 路上，橫躺著眾多一窩蜂後慘死路邊的案例》的文章受到廣泛關注，所述案例中，排在第五的就是教育 O2O，文中總結到『盡管人人都在談 O2O，但很少有人說得清怎麼做教育 O2O，甚至還未理清 O2O 與教育結合的關鍵點便倉卒「下海」，結果，又是一片哀嚎』，並且附上一份慘烈的「死亡名單」（表 11-1，見 P.178）。

（2）目前教育 O2O 存在的問題

不久前，新浪教育與尼爾森聯合推出的《中國線上教育調查報告》顯示，在線教育用戶中只有不到一成的用戶表示「非常滿意」，其中無法和老師互動交流答疑（47.9%）及沒有課堂氣氛（38.7%）成為線上教育課程使用中最突出的問題。線上教育有賴於學生的自主學習能力，而這正是中國學生普遍缺乏的。即使是國外做 MOOC 做得最好的線上課程，真正完成的學生也不足 5%。新浪教育頻道總監梅景松指出，互動問題、中國人接受教育習慣的問題、互聯網免費概念的誤區等都可能是線上教育會面臨的問題。

①氛圍

無論做什麼事情，都講究氛圍，沒有氛圍，再好的硬體設施，往往也是事倍功半，特別是教育，更是如此。比如，你在一個人人都熱中於

表 11-1 已經關閉的教育網站

項目	創立時間	功能簡介	營運情況
72 人拜師網	2007 年 12 月	線上拜師學習網站	已關閉
酷伴網	2009 年 4 月	將線上 SNS 社區與線下小組結合、提供更有效的英語學習方案	已關閉
呵護網	2010 年 12 月	年輕父母們學習、交流、記錄、分享的網路互動社區	已關閉
學都網	2012 年 8 月	線上教育分享平臺	已關閉
助考網	2012 年 12 月	線上教育社交化電子商務平臺	已關閉
趣兒網	2013 年 1 月	面向母嬰、早教的分享網站	已關閉
星寶教育網	2013 年 7 月	翻轉教育解決方案提供商	已關閉
輕舟網	2013 年 7 月	留學服務行業的 C2C 電子商務平臺	已關閉
36 號教室	2013 年 9 月	集網路授課、即時互動、課程回放、論壇交流於一身，結合線下實踐活動	已關閉
哈牛國際早教	2013 年 10 月	針對 0-18 歲孩子父母的網站，提供教育培訓、日常生活消費、育兒交流服務	已關閉

學習探索的班級裡，你本來沒興趣的，也會變得有興趣，並且搞不好還能成個什麼「角兒」，但是相反如果你本來很熱愛學習探索，但在班級裡，大家普遍只喜歡吃零食、扯八卦，這樣的氛圍於你而言就顯得格格

不入，你要麼變得和他們一樣，要麼孤芳自賞。

而目前的互聯網學習還普遍做不到一種需要學習、能夠學得開心、學有所得的氛圍。許多人交了學費，能完成課程最後畢業的寥寥無幾。沒有幾個人願意一個人坐在房間裡對著沒有任何互動的電腦，單方面接受教育的，學習本來就是一件相對費腦且枯燥的事情，所以只能從形式上做一些創新來給學習加點「料」，但是如果形式是這樣的話，做大的可能性就很小了。

② 動力與壓力

據調查中國內地高三學生的學習壓力為 92%，高一、高二的學生的學習壓力則下降到 63%，再到初二、初三的學生就只有 37%，然後小學六年級和初一的學生，則只有百分之十幾。一個人的壓力會隨著年齡的增長而增長，而學習若沒有一定的壓力，很難出成績。線下的課堂教育往往有班主任、任課老師督促，當學生出現上課不認真、作業沒完成、成績不理想等情況時，都會有相應的懲罰和補救措施，而線上教育則完全不一樣了，沒有監督也沒有懲罰，這就更加助長了人的懶惰本性，因此使掉課率飆升，達到百分之九十幾，最後真正完成率只有 4% — 7%。

雖然看似提供線上教育的企業沒什麼問題，責任全在學生自己，但結果還是學生付了學費但是沒有學到什麼，既然這樣，他們也就很難產生黏性，離開也就成了必然。

③ 個性化不足

國內的傳統教育是大班教育，一般情況下一個班級的學生都會有30 — 50 個，國外則相對合理些，開設的是小班教育，10 人左右，此外每個人在校期間還會有一位陪伴自己至畢業的生活導師。無論是大班還是小班，教育的本質在於教會每一個學生在這個階段該學的知識，但事實是每個學生都有自己的個性，對於學習的接收程度也是不盡相同，因此個性化教育就顯得格外重要，即針對每個學生的特點制定教學策略。

個性化教學是未來教育的發展趨勢，在線下教育難以滿足這樣的需求時，線上教育便成了一種解決途徑，但是目前的線上教育在個性化教學方面往往還不如線下教育。許多教育機構只是將線下課堂的教學過程錄下來放在網上供學員下載。

11.2 可穿戴教育

　　未來，追求個性化和效率的教育O2O，將會也只能向可穿戴設備延伸、發展。

　　未來無論是教育方式還是知識體系都會發生根本的變化，首先最核心的一點就是教育的服務物件不再是一個群體（班級），而是個人，知識的增長也不再是單純意義上的數量增長，而是知識之間相互連結，變成一個新的知識領域。

（1）浸入式教育

　　不知道大家是否有看過由李昂納多主演的一部電影《盜夢空間》[1]，簡直讓人腦洞大開。裡面有一個場景是主人公唐姆‧柯柏的妻子懸坐在窗前準備通過跳樓來喚醒自己的夢境（這是電影前設的一個條件，即在確定是夢境的情況下可以通過下墜的重力喚醒夢中人），然而唐姆‧柯柏一遍又一遍地和妻子解釋，這不是夢境而是現實，但妻子卻死死地認定這是一個夢境，並且希望唐姆‧柯柏和自己一起跳下去好脫離夢境。

　　為什麼妻子會分不清現實和夢境？這裡就涉及人的潛意識，唐姆‧柯柏於之前在他的妻子腦中植入了一個潛意識：這是夢境（雖然事實是這並非夢境）。這就好比我們真真實實經歷過一件事情，不可能否定它

註1：《盜夢空間》，在台灣上市譯為《全面啟動》

不存在一樣。那麼延伸到教育也是一樣的道理。

有句話叫做：讀萬卷書不如行萬里路。此話我的理解是並沒有否定讀書價值的意思，而恰恰道出的是身臨其境的經歷所獲取的知識要比單純從書本上獲取的知識更扎實深刻。直接而言便是浸入式的體驗教育，即利用虛擬實境設備架構出來的一個教育系統。

例如，你可以通過 VR 設備使你在學習解剖時流覽一遍循環系統，或回到過去聆聽林肯的蓋茲堡演講，這是不是要比純粹邏輯的講解更加深入記憶的層面？

浸入式教育未來最具潛力的發展方向便是通過一次又一次的浸入式體驗，讓你分不清虛幻和真實，而把所有本該通過記憶去強行記住的知識轉化成你的個人經歷，刻在你的大腦裡。比如你學習牛頓運動定律，不再是通過旁觀者去學習和使用這個定律，而是直接代入牛頓這個人本身，仿佛「我」就是牛頓，然後經歷整個發明定律的過程，這於你而言已經不單單停留在記憶這個層面了，還有扎實的理解，學習的關鍵不就在於「理解」二字？

那麼這樣的教育方式在未來會產生哪些商業機會呢？第一，就是 VR 設備，如今的虛擬實境設備還過於龐雜，使用者體驗並不好，使用在教育領域還需要很大的改進。至少就目前而言，使用在教育領域的 VR 必須要是輕巧的，並且一戴上就能快速讓用戶沉浸其中，忘記現實與虛幻；**另外，需要專門開發浸入式教育的教育包**，顯然當下的教育內容呈現方式根本不適合浸入式教育模式，它需要專門的教育包，而這當中就能衍生出許許多多的商業機會，競爭就在於誰研發的教育資源包更具創意、更具好的用戶體驗等等。

（2）植入式教育

依舊先拿電影來說，在科幻電影史上具有開創性價值的《黑客帝國》[2]三部曲，相信許多人都熟知，電影大致講的就是人所活的世界其實是虛構出來的一個矩陣，其實大家都躺在一個跟棺材一樣的盒子裡，然後腦子上被插滿各種各樣的管子，被另外一種高於人類的力量控制著。但也有一部分相對聰明的人發現了這個現象，且有一部分人已經回到了真實的世界，正在組織起來進行反抗。

電影中有個場景是，當正義的人類要去到虛幻的世界執行任務時，如果你沒什麼技能，不能防身，這個好辦，直接往你大腦輸入這個技能就行了，什麼降龍十八掌、九陰真經等等，要什麼有什麼，並且瞬間學會。還有印度電影《來自星星的傻瓜 PK》裡面的外星人 PK 只用握著你的手就能把你的語言全學會。這些現象看似只能在電影中發生，但不代表在現實世界裡就不可能，以前的人還覺得人類飛上天是不可能的呢。講這麼多，還是回到教育，植入式教育，即知識能夠跟 USB 隨身碟（U盤）拷貝資料一樣複製到一個人的大腦中，這就完全省略了學習的過程，更加高效。

那麼這樣的教育方式也只能借助可穿戴設備，什麼樣的可穿戴設備？頭戴式的。就筆者目前有所掌握的局限技術來看，IBM 已經在這方面走得比較深入。一個頭盔之類的可穿戴設備，然後裡面密布著各種接觸頭皮的觸點，通過某種類似於神經流的方式，以我們大腦產生記憶的方式將知識導進人的大腦。

你可以想像這樣一個畫面：你想知道中國的古代史，然後通過設備下載了這個知識，並且通過植入式的方式將這個知識在很短的時間內就輸入了大腦，輸完後的感覺可能就跟《來自星星的傻瓜 PK》裡面的 PK

註2：《黑客帝國》，在台灣上市譯為《駭客任務》

一樣，一開口就會講話了，並且面帶驚訝新奇的表情。

　　同理，這種教育方式存在的商業機會也是設備和教育資源包。這種接受教育的方式和前面浸入式的方式在未來可能會共存於整個教育領域，因為二者的體驗是不一樣的，前者側重於快速獲取知識，而後者則注重的是一種學習過程中的樂趣。

第十二章

遊戲

第十二章

遊戲

柏拉圖這樣定義遊戲：遊戲是一切幼子（動物的和人的）生活和能力跳躍需要而產生的有意識的模擬活動。

亞里斯多德這樣定義遊戲：遊戲是勞作後的休息和消遣，本身不帶有任何目的性的一種行為活動。

索尼線上娛樂的首席創意官拉夫・科斯特則這樣定義遊戲：遊戲就是在快樂中學會某種本領的活動。

真正現代意義上的電腦遊戲產業起源於 1970 年代末，即電腦開始普及的時候，但是未來，遊戲將融入我們生活與工作的方方面面，比如教育、健身、醫療等等。在當前經濟下行壓力加大，以及基於互聯網所建立的虛擬社交關係的活躍，在一定程度上將進一步促進遊戲產業的發展。本章借此主要探討的是可穿戴設備將如何變革遊戲行業。

12.1 可穿戴設備時代遊戲將面臨的變革

我們先來瞧瞧遊戲存在形式都經歷了怎樣的發展。

掌中遊戲機 ——《坦克過橋》《員警與小偷》……

單柄電視遊戲機 ——《直升機大戰》……

街機 [1] ——《摩根》《戰斧》……

8 位元任天堂電視遊戲機 ——《采蘑菇》《魂鬥羅》……

16 位元任天堂遊戲機 ——《三個火槍手》……

PS 遊戲機 ——《生化危機》……

電腦單機遊戲 ——《魔獸爭霸》《星際爭霸》……

電腦網路遊戲 ——《傳奇》《魔獸世界》……

電腦網頁遊戲 ——《熱血三國》（圖 12-1）……

小遊戲 ——《猴子跳躍》《極速賽車》……

電視遊戲 ——《勇者 30》《邊境之地》……

電子遊戲經過數十年的發展，已然成為人們沉溺於精神享受的第二世界。不可否認，隨著 CPU、GPU 等核心硬體的飛速發展，引擎技術的進一步提高，游戲開發公司各種創意，電子遊戲在畫面、音效、玩法等方面已經有了長足進步。但電子遊戲始終未擺脫手柄、鍵盤、滑鼠、螢幕的束縛。

目前最為普及的是電腦網頁遊戲。網頁遊戲最先起源於德國，又稱 Web 遊戲，是利用瀏覽器玩的遊戲，它不用下載用戶端，任何地方、任何時間，有一臺能上網的電腦就可以快樂地遊戲，尤其適合上班一族。只要能打開 IE，10 秒鐘即可進入遊戲，不用下載龐大的用戶端，更不存在機器配置不夠的問題。最重要的是關閉或者切換極其方便。

作為一個產業，遊戲在不斷隨著外界的變化而變革著自己的存在形式。遊戲載體從手中的遊戲機到電視機、電腦以及現在的手機，一直在更新換代，以在不同的場景中提升遊戲的體驗。在 2014 年 ChinaJoy 展上，中國音數協遊戲工委（中國音像與數位出版協會遊戲出版工作委員會）發布了 2014 年 1 — 6 月《中國遊戲產業報告》，數據表明，中國移動遊

註 1：街機，即大型投幣電玩，是流行於街頭的商用遊戲機。在臺灣一般稱為賭博電玩。

戲（包括移動網路遊戲與移動單機遊戲）用戶數量約 3.3 億人，實際銷售收入 125.2 億元，同比增長率 394.9%。加上 2013 年 100.8% 的增長，手機遊戲繼續爆炸式增長。與此同時，端遊（用戶端網路遊戲）用戶數量約 1.3 億人，同比增長 3.7%，市場占有率 51.5%，同比下降 17.2%。

從這組數據我們可以看出，端遊市場正被以手游為代表的其他遊戲所蠶食，當 Xbox One 進入中國，強調互聯性與互動性的遊戲機平臺又會搶走一部分玩家，端遊一家獨大的遊戲市場發生了改變，這就使那些濫竽充數的端遊吸引力大大下降。在未來的幾年，優勝劣汰將是端遊市場的關鍵字之一，端遊進入精品化時代。與此同時，端遊也急需要找到新的增長點，而可穿戴設備，就是一種全新的嘗試，並且將給這個行業帶來前所未有的變革。

（1）遊戲用戶介面的變革

遊戲行業的第一個變革，是遊戲用戶介面的變革，即遊戲的用戶介面將從以前的鍵盤滑鼠轉變為玩家本身。遊戲玩家之前主要通過鍵盤、滑鼠等第三方設備與遊戲進行互動，但是鍵盤、滑鼠做得再好，也還只是第三方設備，無法真正實現與遊戲的即時、完美互動。

就像武學的最高境界是無招勝有招一樣，其實，最理想的用戶介面就是沒有用戶介面，就是玩家本身。可穿戴設備恰恰可以實現這一點，通過與玩家零距離接觸，可穿戴設備可以記錄玩家的各種數據，進而實現用戶介面與玩家合體的境界。例如，通過可穿戴設備，可以直接記錄玩家的運動數據，這些數據能夠變成遊戲數值，實現對遊戲人物進行狀態加成。也就是說，用戶在走路、跑步等運動時也能進行遊戲，實現不在遊戲中卻在玩遊戲的狀態。

（2）遊戲的存在形式

第二個變革是遊戲的存在形式，即遊戲將從虛擬的線上世界轉變為虛擬與現實融合、線上與線下交融的統一世界。遊戲自古以來都是虛擬的線上遊戲，但是可穿戴設備的出現，有望抹去線上與線下、虛擬與現實的界限，實現這兩個世界的融合和統一。

一方面，通過可穿戴設備，使遊戲融入了生活的方方面面。傳統的遊戲與現實生活可以說是完全隔離的，用戶生活有生活的狀態，遊戲時則是另外一個狀態，但在可穿戴設備時代，兩種狀態將能實現無縫融合。比如你最近在玩一個和運動有關的遊戲，那麼與這個遊戲相配套的運動鞋能將你平常的運動數據記錄下來，假設你晨練時跑了 1 公里，這 1 公里數據就會自動上傳到你在線上的遊戲帳戶中，等同於你在遊戲狀態時獲得的積分。目前我們所佩戴的智能手錶、智能手環也都融入了這方面的想法，但還沒有非常準確地表達出來，就是希望在給用戶提供運動監測的同時基於這些運動數據建立相應的遊戲社交圈。

另外一方面則是，借著虛擬實境眼鏡，使用戶在遊戲的過程中，能夠獲得浸入式的遊戲體驗，達到模糊虛擬與現實的界限，實現這兩個世界的融合與統一。

當然，對於遊戲本身存在的形式，隨著可穿戴設備的出現，未來的遊戲將更側重於體驗式遊戲。近幾年隨著可穿戴設備產業鏈技術的不斷完善與發展，對於遊戲方面的開拓也日趨成熟，尤其是在大型戶外體驗遊戲、室內互動遊戲以及家庭的電視遊戲上（圖 12-1，見 P.190），可以說沒有比基於可穿戴設備所帶來的那種體感交互更好的體驗方式。

遊戲操控一直以來都是作為電視遊戲發展的一大阻礙因素而備受關注，如果得到良好的解決，或許為重塑電視這塊傳統第一屏的價值是一個有力的支撐點。

從目前的產業發展情況來看，要想實現這一目標，需要電視遊戲開

圖 12-1 基於可穿戴設備的體感互動遊戲

發商和可穿戴設備廠商共同協作，尤其是對於遊戲開發者而言，在遊戲開發的前期就需要與相應的可穿戴設備開發者共同來建構遊戲的用戶體驗方式，特別是專注在同一遊戲領域進行深度合作開發，創造出既符合時下用戶需求而又具備完美體驗的配套產品。讓遊戲融入了虛擬實境、可穿戴設備之後，借助於電視這款大型螢幕，給用戶帶來的何其美好的場景。

（3）遊戲本身

遊戲行業的第三個變革，恰恰是遊戲本身，遊戲將會改變目前的相對負面的形象，成為一種快樂、健康的體驗。變革的奧妙就藏在遊戲行業和其他行業的融合上。未來，遊戲將與健身、醫療等生活的方方面面結合，使生活遊戲化，遊戲生活化。

在以前，這樣的跨界似乎不可能實現，但在可穿戴設備時代，這樣的融合就水到渠成了。上文提到的遊戲與運動結合就是一個例子，實現了運動的同時也在遊戲、遊戲的同時也能運動的雙向打通，顛覆了遊戲

就要坐在電腦前的方式，而是可以從「宅」的狀態走出，走向戶外進行運動。遊戲也由此從「影響健康」轉變為「有益於健康」。

如果我們將視角進一步擴大，遊戲還可以和快速消費品、教育、通信、IT、金融等更多行業進行融合，例如能否通過意念頭箍等可穿戴設備將學習與遊戲結合起來，讓用戶在解題的同時也轉變為遊戲積分，從而將遊戲從之前影響學習變為有益於學習等等。遊戲完全可以成為一種健康、快樂的體驗和生活態度。這也就意味著在智能穿戴時代，遊戲並不是以一種孤立的形式存在，而是以一種不露痕跡的方式存在於我們生活中，一切皆生活，一切皆數據，一切皆娛樂。

12.2 可穿戴設備遊戲外設

在可穿戴設備中，目前最被遊戲行業看好並首先進入遊戲行業的設備是虛擬實境設備，而對虛擬實境設備而言，遊戲行業也是目前最容易進入的，那麼，下文我們一起來看看具體都有哪些可穿戴設備遊戲外設。

（1）Oculus Rift 頭戴設備

Oculus Rift 是 Facebook 旗下全球著名的虛擬實境設備製造商 Oculus 公司專為電子遊戲研發的一種虛擬實境頭盔，設備顯示器中配有兩個解析度為 640×800 的目鏡，具有 90 — 110 的視場角，可通過 DVI、HDMI、micro USB 介面連接電腦或遊戲機。

據悉，最新款內部樣機 Crescent Bay 增添了運動和音訊功能。頭盔前部裝有紅外線 LED 感測器，後腦勺部位配備了 8 個 LED，在增加位置追蹤範圍的同時保證了捕捉精確度。顯示器在增加原有解析度的基礎上將延遲進一步減小，設備最高支援 90 幀。

目前，Oculus 公司正著手打造 Oculus Home 平臺，準備擴充線上遊

戲陣容。該平臺除支援旗下遊戲穿戴設備外，還相容 Chrome 等流覽器以及 IOS、Android 和 Windows 等主流移動設備。

（2）谷歌眼鏡

谷歌眼鏡是一款拓展現實眼鏡，它更多的作用不是在遊戲領域，而是在生活或者工作領域，但這並不代表它在遊戲領域沒有任何作為，恰恰相反，它所帶來的遊戲體驗也是前所未有的。

2013 年，谷歌眼鏡迎來了首款遊戲應用 GlassBattle。GlassBattle 遊戲是由一個名為 Brick Simple 的移動應用開發者使用谷歌眼鏡的 Mirror API 開發的，當用戶玩此遊戲的時候，可以在谷歌眼鏡上看到其他玩家加入遊戲，玩家們需要在棋盤上布置自己的戰艦，擊沉對方戰艦的玩家才能獲得勝利。

用谷歌眼鏡玩遊戲最大的不同體驗在於，它沒有鍵盤或者遊戲手柄，使用者只能通過語音來操控遊戲，就這樣，全新的遊戲互動產生了。

（3）BrainLink 頭戴設備

BrainLink 是一款意念控制的頭戴式設備，通過 α 和 β 腦電波識別完成相應操作。目前，設備支援藍牙配對，也有相應 App 應用支援，現階段適配的遊戲以《禪定花園》《意念塔防》和《意念炸水果》等小遊戲為主。

（4）Apple Watch 智能腕錶

Apple Watch 是今年蘋果發布會隨 iPhone6 和 iPhone6 Plus 一同推出的智能手錶類穿戴設備。與市場上其他智能手錶部分功能和設計相似，AppleWatch 採用非曲面方形螢幕，整體外觀設計略顯臃腫，集成了語音通信、GPS 定位和數據傳輸等多種功能，但必須與 iPhone 手機配合使用。

蘋果的 Apple Watch 手錶剛上架，移動遊戲開發商 Gameloft 就宣布

已經為 4 款遊戲做出了適配 App，讓玩家們在手錶上對遊戲進行輔助操作；美國獨立遊戲開發商 FlyingTigerEntertainment 就為 Apple Watch 量身定做了遊戲《iArm Wrestle Champ》，預計 2016 年與 Apple Watch 配對的這款遊戲將正式上線。儘管這種「錶遊」算不上是完整的遊戲，但在如此短的時間內就能做出相應創新，遊戲產業未來的發展趨勢可見一斑。

（5）Zero 鞋

Zero 鞋是完美世界為旗下無鎖定動作網遊《射雕 Zero》配套研發的一款可穿戴設備（圖 12-2）。與常見的手錶、手環和頭盔不同，Zero 配合完美新款線上遊戲打造了健康運動和虛擬遊戲的雙重概念。資料顯示，Zero 鞋基於遊戲和現實運動的數據連通，強調玩家的互動和健康屬性。

可穿戴遊戲裝置已經從用戶的頭到腳、從小遊戲到動作線上遊戲等多方位覆蓋，顯然遊戲也是未來可穿戴設備最先發展和進行商業化的領域，但同時也必須承認在商業化和實用性方面尚任重道遠。多數穿戴設備仍停留在通信社交、健康監測等非剛需的附屬功能上，而在遊戲領域，由於大部分的完美結合、無縫體驗還只停留在概念階段，比如操控的靈敏度、精準度等問題，因此還需要攻克很多的關卡。

圖 12-2 可穿戴設備 Zero 鞋

12.3 虛擬實境與遊戲合體

在電影《Her》中，男主角是個生活在未來世界的寂寞大叔，在遇到戀人莎曼莎（人工智能系統 OS1）之前，夜晚的時間都是靠玩遊戲打發的，如圖 12-3 所示。畫面中，希歐多爾用身體操作著遊戲中的小人，沒有用到任何 VR 或者動作捕捉設備，玩著浸入式的 3D 視訊遊戲，通過投影儀和玻璃牆顯示畫面。當然，電影中的場景過於科幻，但很有可能是虛擬實境的終極版本。

圖 12-3 3D 遊戲

作為電子遊戲行業最大的盛事，E3 自 1995 年舉辦以來，一直都是業內最受關注的遊戲展會，也是遊戲領域的市場風向球。在 2014 年 E3 遊戲展上，有 27 家公司展示虛擬實境產品，在前一年還只有 6 家。來到 2015 年的 E3 遊戲展上，虛擬實境技術與遊戲的結合成為這次大展的重頭戲。除了微軟展示了 HoloLens 虛擬實境版《Minecraft》以外，另一家遊戲主機巨頭索尼也公布了有關 Project orpheus 虛擬實境顯示器的更多消息。

　　無論在哪個領域，要實現一個質的飛越，技術的革命性變化顯得越來越關鍵，特別是遊戲這個行業，它所依賴的是互聯網技術，而最大的目標就是用終極的遊戲體驗來俘獲消費者的心。就目前來看，在遊戲領域，虛擬實境技術是最被看好的一項創新型技術，就虛擬實境本身而言，遊戲也是它最容易首先切入市場的一個行業。虛擬實境的身臨其境體驗，讓國際遊戲巨頭和虛擬實境企業，都在研究二者究竟該如何「合體」。不久前，Oculus 虛擬實境頭盔發布的消費者版設備，讓我們看到虛擬實境正在朝商業化方向大舉前進。

　　微軟成為最大贏家，在虛擬實境領域全面發威，多管齊下搶占先機。不僅推出自家虛擬實境設備 Hololens，並演示玩《我的世界》給玩家帶來的震撼體驗，還宣布跟 Oculus 合作，玩家將可以佩戴 Oculus 虛擬實境頭盔玩 Xbox 遊戲。甚至還與 Valve 達成親密合作，Windows 10 將成為 Valve Vive 虛擬實境頭盔的理想平臺。

　　此外還有索尼的 Morpheus 頭盔，HTC 與 Valve 聯合開發的虛擬實境設備 Vive 等都在攪動整個遊戲領域，他們共同的目標就是讓用戶通過自家的設備能更好地沉浸在遊戲中，增加遊戲的體驗樂趣。比如 Valve Vive 可以讓用戶在有限空間內自由走動，這進一步增加了用戶「到達其他地方」的錯覺，這一功能讓用戶會出現短暫的脫離現實世界的感覺。

　　虛擬實境設備與遊戲達成真正的合體，還有很多坎需要跨過去，比如技術上的攻克，現在的虛擬實境設備有個很大的問題還未很好地得到解決，就是用戶長時間佩戴會出現眩暈這一問題，顯然這個問題會使用戶體驗大大打折；另外，虛擬現實設備若要在遊戲領域實現全面的商業化，價格會是第二道坎，過高的價格會使其局限在一小部分使用者範圍內，就像谷歌眼鏡一樣，讓許多人望而卻步，但如果能在未來，在產業鏈逐步完善的前提下，使價格降低，那麼更大範圍內的使用也會反推虛擬實境設備在整個遊戲領域內的發展和壯大。

12.4 可穿戴設備遊戲帶來無限互動

對於虛擬實境，馬克・扎克伯格有過這樣的描繪——和遠方的朋友共同遊戲、和世界各地的同學在一起學習、與醫生進行面對面諮詢，要做的只是戴上 Oculus 的一台設備。

可穿戴設備帶來的是一種人與人之間、人機之間無時空局限的互動，即用戶可以隨時隨地進行互動。 在傳統的遊戲裡，用戶一旦離開電腦，或者放下遊戲設備，以及退出某遊戲應用，就預示著遊戲的暫停或者終結。但將可穿戴設備融入遊戲的互動則在根本上改變了這種互動方式，即無論你在何處，做何事，都可以進行即時的互動。

比如谷歌眼鏡可以當做一個射擊遊戲的瞄準器，在現實場景中來一場大戰。或者能搜索到顯示在現實場景中的虛擬寶藏等等。此外，將可穿戴設備遊戲與運動健身直接相結合，比如任天堂早在 20 世紀 90 年代就推出過一款皮卡丘計步器，結合真實的運動與步行來增加遊戲中的積分，獲取更多的遊戲內容。這一機制之後被任天堂繼續發揚光大。而對於感應器更加豐富靈敏的移動設備和可穿戴設備來說，能使這個功能變得更加強大和有趣。

智能手環和智能手錶的遊戲擴展性顯然比谷歌眼鏡更高。想想看，一個搭載了各種監測功能的設備會在你劇烈運動之後計算出你的體能，從而讓你在遊戲中擔任魔法師或者聖騎士之類的。當然，智能手環和智能手錶類的產品還可以用更簡單的方式互動，比如計步器。現實中也已經有很多遊戲利用手機自帶的感測器這樣做了，比如《Walkr —口袋裡的銀河冒險》。遊戲中有內購，但是並不重要，重要的是，只要你肯運動，就可以獲得無限的資源來發展你的星系。

除了以上這些，其實手環和手錶還能做到更多，比如在玩恐怖遊戲的時候震你一下；在恰當的時候提醒你該收菜了；作為獨立的體感設備

操作遊戲等等。其實這些功能都不是幻想，因為已經有公司在開始考慮實現這些了。

　　總而言之，可穿戴設備不僅使遊戲變得更加多元有趣，更為重要的是讓用戶的遊戲體驗變得更加真實，遊戲也不再和生活完全割裂開來，而是在一定程度進行融合，甚至能以正面的影響反作用於生活。

　　我們已經進入了智能手機時代，深知這個時代給我們生活、工作方方面面所帶來的深刻影響，而同樣，在即將到來的可穿戴設備時代，我們的期待只有更甚。

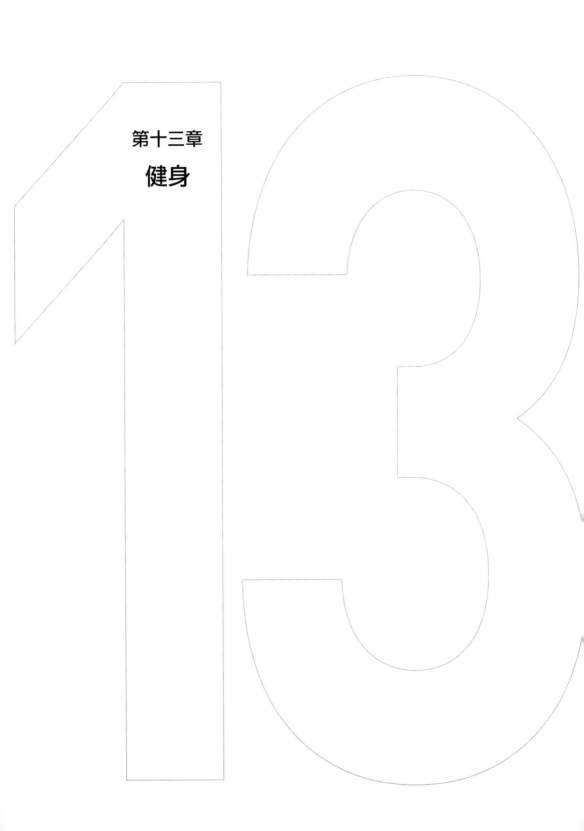

第十三章

健身

第十三章

健身

　　21 世紀的人們懷揣著一顆極度渴望健身的心，但總是難以從自己的座位上站起來，走出去，真正動起來，流它三斤汗。許多人因為自身的惰性對於健身難以持之以恆；一部分人則是因為根本沒有意識到健身這個問題，總覺得自己很健康，僅僅是因為沒有嚴重到要去醫院；還有一部分人雖願意花時間健身，但是由於不科學，效果總是不明顯，或者因為健身房太枯燥等原因，使他們失去了對健身的樂趣。

　　我不禁問，健個身怎麼能有這麼多狀況，這麼多要求？對於商業而言，消費者有要求絕對是好事，因為你能對症下藥，但問題是沒要求，你怎麼辦？其實，他們不是沒要求，只不過是連他們自己也沒有發現自己的需求，即有潛在需求，作為服務提供方，這個時候你若能快速甄別出用戶的潛在需求，然後進行深入挖掘，在這個基礎上建立起商業模式，往往就無敵了，最好的一個例子就是蘋果手機。

　　在健身這行業，現在最多的就是各種各樣的健身房，各種各樣更多體現的是它們地域的不同，其他似乎都差不多，放幾架健身器材，找幾個腹肌齊全的教練，然後就可以開張了。然而，當「健身」這個話題還經常被人們談起，恰恰說明了這個問題根本就沒有得到解決。這個問題沒有解決最大的原因在於「健身與生活的脫節」。誰能把這兩種狀態融合在一起？21 世紀科技界的新秀——智能穿戴設備。

13.1 可穿戴設備給健身行業帶來的四大趨勢

智能健身設備已經由監測簡單的健身數據發展為監測使用者的綜合健康狀況。也就是說，通過可穿戴設備追蹤健身狀況的理念開始普及，人們試圖通過可穿戴設備追蹤病患數據。當設備都成為人類各種數據的記錄儀之後，如何進行數據挖掘將成為關鍵。

據悉，2014 年，健身追蹤器和健康類設備的銷量超過 7000 萬。不過，由這些設備收集的數據並沒有得到很好分析和利用。

移動健康行業的轉變和氣象預報行業很相似，最終會通過複雜的計算模型進行各種預測，LifeQ 的創辦人及計算生物學家黎安·柯拉迪說，「可穿戴技術未來的重點不在可穿戴設備本身，更多地體現在對數據的分析和使用上。」

「如果設備僅僅只是告訴你，你的睡眠非常糟糕，這些對你而言毫無用處。」柯拉迪說道，「但是，如果能夠給出導致睡眠品質不佳的原因，那麼這種建議就非常有價值了。」

據介紹，LifeQ 公司就是通過自己的計算生物學模型分析那些通過可穿戴設備收集的數據，對使用者未來的健康狀況進行分析和預測。

目前，諸如 Fitbit、Misfit 以及英特爾的 Basis，全都在做類似的事情，而 Google Fit、Microsoft Health 和 Health Kit 都承諾會對經由設備收集到的個人健康數據進行統一存儲。未來，智能穿戴設備並不只是簡單的記錄儀，更重要的是能夠提供健康解決方案。

（1）即時檢測人體健康數據

可穿戴設備式健身與普通健身方式最大的區別在於，用戶可以 24 小時不間斷地被檢測，這些可穿戴設備小巧、美觀且易於攜帶，最重要的是它能準確地追蹤用戶的心率、行走步數、睡眠品質、體溫、呼吸頻率、

姿勢及其他體徵數據。這些數據讓使用者更好地瞭解運動中自己心臟的狀態以及運動後心率恢復的時間，進而進行更加科學、有效、健康的運動，使得健身更具有目標性和針對性。

（2）輔助專業的運動訓練

可穿戴設備在一些專業的運動領域越發突顯出其優勢，特別是專業運動員訓練方面，能夠為運動員記錄相關的數據，以避免出現一些致命的傷害，達到更好的訓練效果。

比如一款名為 Motus Sleeve 的可穿戴設備，它是一個壓縮袖套加上感測器設備來追蹤棒球運動員的投擲動作。投手使用該設備來不斷修正自己的動作，以防止尺側副韌帶 (ulnar collateral ligament ，UCL) 受傷。主要工作原理是，利用袖套中的加速度計和陀螺儀來追蹤手臂的運動，並通過藍牙將數據發送到手機。然後根據運動員的手臂移動模式和基本的生物力學原理，Motus 的 App 能夠計算出腕部的力矩──投球過程中對 UCL 造成的壓力。同時還會追蹤手臂速度、最大肩部旋轉角度、球離手時肘部的高度。

目前已經有九支 MLB 球隊測試了這款設備，包括紐約洋基隊和西雅圖水手隊。顯然，這類可穿戴設備都需要非常強大的追蹤系統，相應的價格也會比較昂貴，目前也僅限於專業運動員使用，類似的產品還有 CrossFit、Insanity 和 BootCamp 等，這些可穿戴設備都能追蹤到非常專業的運動數據，但更重要的是在未來，相關的可穿戴設備廠商能夠推出一些面對普通消費者（比如喜歡足球、橄欖球和籃球運動的業餘愛好者）的產品，相應的這個市場也更廣。

（3）連情緒也不放過

可穿戴設備由於和使用者貼身「相處」，逐漸變成了最瞭解使用者

的智能產品，不過它瞭解使用者是通過精準的數據。而在健身領域，情緒會在很大程度上影響甚至左右健身的最終效果。

在可穿戴設備領域，已經出現了多款能夠檢測使用者情緒的可穿戴設備，比如由 Spire 公司研發的 Spire 壓力監測器（圖 13-1），能夠通過對呼吸節奏進行監測來追蹤用戶的精神狀況。

圖 13-1 Spire 壓力監測器

你只要一穿上 Sensoree 公司研發的情緒測量衛衣 Mood Sweater，你的朋友不用問就知道你的心情如何。它上面的感測器會將你的心情資訊傳送到 Mood Sweater 的超大尺寸領子，然後領子根據你的心情發出不同顏色的光。英國航空公司則展開了一項 Happiness Blanket 快樂檢測毛毯試驗。該毛毯可通過支持神經感應的藍牙耳機來追蹤你的心情。毛毯會根據使用者的情緒相應地發出代表開心的藍光或者代表不開心的紅光。

相類似的產品還有很多，這些產品未來最大的益處在於能夠及時提醒用戶的壓力水準以及負面情緒，使用戶意識到這個問題的嚴重性以作調整。

眾所周知，一個人的壓力水準會直接影響到心臟的健康以及脂肪的存儲量，如果能夠最大限度地保持情緒穩定，對於保持身體健康而言是至關重要的。

（4）燃燒真正的熱量

大部分喜歡健身的人對卡路里統計應該都比較熟悉，這有助於人們通過足夠的鍛鍊來保持身體健康。而對於那部分不常健身，但因可穿戴設備的興起，想靠之來督促自己健身以減肥的人而言，對於熱量的燃燒情況更加掛心和急迫。不過，如今市面上大部分可穿戴設備在統計卡路里方面的方式都不恰當，因此最終獲得的數據也不是很準確。比如它們首先通過加速度計來判定使用者的運動方式，然後結合其年齡、性別和體重等數據，通過標準的計算公式來估算用戶所消耗的熱量，這種方式得出的結果顯然是不夠準確的，同時也不適用於統計用戶在吃飯時所攝入的熱量。

未來，可穿戴設備能否在健身領域得到消費者的認可還要取決於其能否實現 7×24 小時的不間斷追蹤、佩戴感是否舒適、設備使用是否簡單易懂，最重要的是數據是否準確，能讓用戶真的因著這款設備而有了更健康的生活方式。未來，除了已經稍顯成熟的智能手環之外，還會有越來越多的產品形態進入健身領域，比如智能鞋、智能襪、智能護膝護腕、智能運動衣等等，其中，特別是智能服裝，將展現出越來越廣闊的市場前景。

13.2 智能服裝融入健身房

可穿戴設備在健身房裡早就已經不是什麼特別新鮮的玩意兒了，運動員和健身房常客經常使用胸帶和智能手錶或者手環來追蹤他們的表現以及實現目標，但是佩戴類的智能穿戴設備還是會顯示出一些劣勢，比如麻煩，對於那些不習慣佩戴手錶、手環的人而言，也並不舒服，因此，這幾年，在業內逐漸出現了智能服裝，比如智能襯衫或者智能短褲之類的，它們就跟穿運動服一樣容易，智能服裝可以追蹤心率、呼吸率和活

動等生理數據。

Gartner 最近發表的報告顯示，智能服裝的全球銷量從 10 萬到 2014年超過 1000 萬，預計在 2016 年能超過智能手環和智能手錶。

目前有兩家智能服裝公司巨頭，OMSignal 和 Hexoskin（圖 13-2），它們都位於蒙特利爾。Hexoskin 的智能襯衫被奧林匹克運動員和太空機構採用，OMSignal 為美國網球公開賽的 Ralph Lauren 研發了新的智能襯衫系列。兩家公司都已經推出智能服裝，2015 年也有像 Atho 這樣的新手進入該領域。

這兩件智能衣服都有一個共同的特點，就是將各類感測器植入衣服內部，而這與普通的智慧手環、手錶類可穿戴設備最大的區別在於，衣服是我們唯一可以終生穿戴的東西，換句話而言，智能服裝不會妨礙我們的正常生活，使可穿戴設備在一定程度上隱藏了，而這也恰好是未來可穿戴設備發展的終極目標。

2015 年是可穿戴設備蓬勃發展的一年，2016 年我們也看到一大波更

圖 13-2 智能服裝將引領風潮

加智能的健身追蹤設備出現在這個領域之中，而運動數據追蹤與統計也將會因為這些設備的出現而從根本上發生變化。

在 2015 年的 CES 國際消費電子展上，可穿戴設備仍然是眾人矚目的主角之一，不管是智能服裝還是智能創可貼，這些產品的功能都呈現出一個趨勢，那就是其所追蹤到的體徵數據越來越全面，也越來越專業，比如呼吸速率或新陳代謝率等等。

13.3 全民健身時代：玩著健身

美國最大的風險基金 KPCB 的合夥人 Bing Gordon 說：每個創業公司的 CEO 都應該瞭解遊戲化（Gamification)，因為遊戲已為常態。顯然，無論在什麼領域，尤其是在即將到來的全民娛樂時代，具有遊戲化意識在整個創業過程中會顯得非常關鍵，而這對於以全民健身為切入點的可穿戴設備領域尤為重要。

（1）將遊戲與醫療相結合的優勢

相對於無趣、枯燥，甚至痛苦的醫療保健來說，如果能嘗試著融入遊戲的成分，激發軟硬體用戶或者患者主動接受治療的意願，養成健康的生活習慣，則能更大限度地發揮可穿戴設備保健的效果。

更直接地說，就是我們如何能把遊戲的行為心理學與醫療保健結合起來，促使患者能自覺、主動並充滿熱情地參與到整個健康管理中來，以幫助他們改善自己的健康狀況，這將讓醫療健康管理遊戲化釋放出更大的魅力。

① 遊戲可以激發玩家內心深處對玩樂和競爭的渴望

如果將這種渴望接入可穿戴醫療的某些 App 上，就能形成一個有黏性的社區。比如，智能手環每天會監測你的步數或者跑步時消耗的卡路

里等，而通過接入一些社交平臺，讓這些數據半公開化，形成一種圈內的較量。那麼，當你進入相應的社交平臺，發現自己的步數和排前面的這位哥兒們只差十步時，估計你會馬上站起來在屋子裡走一圈反超他。

未來，當人機對話模式更加智能的時候，設備在讀懂你意識的基礎上，會時不時跳出來大聲告訴你，你最不想被超越的那個誰又跑到你的前面去了，這時的你就可以部署一下反超戰略了，而在這樣一種你追我趕的互動中，自然就達到了每天堅持跑步鍛鍊的目的。

就如遊戲開發公司 Ayogo 的 CEO 邁克爾‧弗格森所言：健康領域的遊戲並非真的關乎輸贏，它真正關乎的是用戶是否真的主動並且滿懷熱情地參與其中了。

② 將遊戲融入慢性病管理的 App 或平臺中，幫助患者在日常生活中管理自己的疾病，根據病情調整自己的生活習慣

比如 Ayogo 公司將遊戲融入了一款專為糖尿病患者以及易患糖尿病的兒童而設計的軟體 HealthSeeker 中。使用者可以首先選擇他們期望完成的生活目標，然後通過不斷完成任務獲得積分的方式最終摘取不同的徽章。

任何習慣的建立都需要一個過程，特別是針對健康管理的生活習慣的養成，往往需要外在的驅動力，去推動生活的主體（用戶、患者）持續重複地做某一件事情；而過於粗暴或者不痛不癢的機械提醒、懲罰都不一定能達到最好的效果。這個時候，遊戲化的方式能起到的作用是：用戶在體驗樂趣的過程中，不知不覺地養成了某種好的習慣。所以，它不但是一種催化劑，而且還是一種潤滑劑。

③ 對患者而言，遊戲能更好地達到醫療效果

據清華大學醫學物理與工程研究所研究員唐勁天表示，遊戲與心理的關係十分密切，安慰劑比藥物治療效果高很多，而醫學遊戲經過設計之後，它的治療效果比安慰劑還要好。可能幾年後，你因為某種疾病去

醫院，醫生給你開的處方將是：回家玩兩周由 FDA 批准的電腦遊戲。

《黃帝內經》道：「心者，五臟六腑之主也……故悲哀憂愁則心動，心動則五臟皆搖。」說明心理的影響是非常大的。在第二次世界大戰期間，德軍包圍列寧格勒讓當地人憂慮、焦急、恐慌，結果在短短的十幾天內大批高血壓患者出現。這些患者並非傳統的致病因素（高血脂、食鹽過多等）引起，而是戰爭恐怖下的精神高度緊張所致。由此可見，消極不良的心理狀態會引起生理功能障礙和失調，而這時候傳向大腦皮層的資訊也是消極不良的，它會加劇消極不良的心理狀態，形成惡性循環，導致疾病的發生。

這告訴了我們一個現象：心理上的情緒會在一定程度上影響到生理，甚至直接導致疾病的出現。**遊戲最大的魅力則在於能給體驗者帶來樂趣，放鬆精神狀態；遊戲化的健康管理雖說治不了本，但卻能起到調節用戶情緒、輔助醫療等作用。**

這從歷史上所記載的那些未經治療而自然消退的惡性腫瘤病例中，也可見一斑。據相關報告顯示，那些腫瘤自然消退的患者除了機體免疫功能較強，具有對抗和消除惡性腫瘤的能力外，最重要的還是具有良好的心理素質和積極的精神狀態。

④ **對於醫學研究而言，遊戲化的醫療健康管理所回饋的資訊將更加高效集中，這能有效地促進樣品採集和研究工作**

一般一款遊戲在社交網路平臺上會形成一個小的社區，比如醫療專家需要對糖尿病患者的疾病管理進行研究和跟蹤時，便可以進入某款專門針對糖尿病患者健康管理開發的遊戲軟體所形成的社區中採集資訊。這些資訊比傳統的通過問卷調查所採集的資訊更客觀全面，因為這些資訊裡面還包含了患者之間平常生活的交流、疾病管理經驗的分享等，這對於研究者來說都是最基礎的原始資料。

目標患者的集群化，一方面對於醫療研究人員、機構甚至藥品研究

機構都可以做針對性的研究；另一方面對於患者自身而言也可以進行相互之間的資訊交流，獲得一些經驗；協力廠商面則有可能為同類性質的患者提供更集中專業的線上問診服務。

（2）如何持續吸引用戶

雖然讓醫療健康管理遊戲化能夠釋放很多用戶的內在驅動力，以幫助他們持續地對自身的健康進行關注並做出相應的調整，但這其中遇到的一個所有遊戲類應用或者平臺都會遇到的挑戰就是「用戶黏性」問題，即如何持續吸引用戶，培養一批忠誠度高的粉絲。

① 必須推陳出新

一款永遠不懂得升級的遊戲，肯定不是一款好遊戲。在當下這個人們注意力容易分散的時代裡，沒有快速的更新換代意識就相當於自殺。醫療健康管理類遊戲也是一樣，雖然其真正的目的是達到有效干預使用者的日常生活。

這類遊戲的更新除了提升遊戲的趣味性之外，還應該完善遊戲內部更具實用性的各類數據庫，比如藥物數據庫、社交體驗、健康管理方式等，讓使用者能在遊戲之外，真正獲得科學、與時俱進、有效的健康管理的知識、方式。

② 融入社交元素

在遊戲中融入社交體驗已經變成當下的一種趨勢，用戶都傾向於與他人一起玩遊戲，喜歡在遊戲中和其他人競爭，也喜歡與他人分享自己的經歷，所以社交維度將是遊戲化過程中一個非常重要且極具價值的部分。

例如上文提到的 Ayogo 公司，專為糖尿病患者以及易患糖尿病的兒童而設計的軟體 HealthSeeke，由於是放在 Facebook 這樣一個大型的社交平臺上的，因此不但有很大的用戶群體，還快速形成了既有競爭又能互動回饋的良性社交圈。

社交性遊戲還能讓用戶在競爭的過程中不斷增加自我成就感。另外，由於在遊戲的過程中能釋放出更多的多巴胺（一種能促使大腦興奮、愉悅的化學物質），讓參與者產生良好的感覺效果，這將促使他們繼續參與，繼而釋放更多的多巴胺，從而形成一個良性的回饋環路。

③ 強而有力的激勵方式

強而有力的激勵方式，指的是遊戲中設定的積分以及獎勵是可以直接轉換為物質或貨幣的。比如上文提到的 Mango Health，使用者達到一定的等級可以直接獲得相應數額的美元。這一方面，醫療管理類的遊戲本身跟普通的遊戲存在區別，普通遊戲基於遊戲的目的，其設立的獎品往往是用於遊戲本身的道具之類的東西；而醫療健康管理類遊戲的終極目的則是讓使用者覺得這是一種值得擁有的健康管理方式，然後願意主動參與其中，進而產生黏性，形成更具規模的流量和數據，並且為研發者下一步的商業化做準備。

美國明尼蘇達州一家名為聯合健康的公司研發了一款「Baby Blocks」的遊戲，其目的在於鼓勵醫療婦女參加所有的產前檢查，吸引了七個州近五萬名孕婦參與其中。這些孕婦可以通過參加產前檢查來解鎖關卡。在參加了一些關鍵的產前檢查之後，她們還能收到包括產婦裝和嬰兒服飾的禮品卡在內的各種禮物。據該公司表示，2012 年有 2296 名客戶積極地使用了這一軟體，參加的產前檢查共計 7098 人次，平均每人解鎖了 3.1 個關卡。

另外，激勵方式還可以與醫療機構、保險公司進行合作，比如對堅持運動、健康生活，病情有所好轉的人降低保費，而對生活習慣不健康的人提高保費；也可以為一些達到一定遊戲等級的使用者提供免費的線上醫療，甚至線下諮詢服務。恰到好處的關卡設置以及激勵方式，會成為醫療管理類應用或者平臺吸引用戶的關鍵，特別是激勵方式，設立的獎勵如果還是些可有可無的東西，往往很難讓用戶持續產生完成任務闖

關卡的動力。

④ 注重隱私保護

在移動互聯網時代，數據安全與隱私保護問題會逐漸凸顯。醫療健康管理遊戲化同樣存在這樣的挑戰。參與其中的軟硬體研發方、保險公司、醫院以及各方醫療服務提供者，都可能掌握著用戶非常私密的個人資訊。比如某一慢性病患者，他可能願意參與這樣的遊戲化管理方案，但並不想公開自己病情的詳細資訊，特別是 B 肝或者愛滋病患者，資訊的公開可能會直接給患者的生活帶來干擾，而遊戲化往往因其中包含的互動社交性，又很難保障用戶的隱私絕對安全。

因此，在這一點上，除了可能存在的數據洩露安全之外，還有就是參與其中的各方如何打造完全以使用者為中心的數據共享方式。比如一個專門針對糖尿病患者的遊戲化健康管理應用，它每天都會按時測量你的血糖，並且能夠分析出造成 你血糖偏高的原因，然後相應地列出一個比較健康的飲食清單以及作息鍛鍊時間表，那麼當使用者以任務方式完成這些時便會得到相應的積分；同時，與這個應用打通的社交平臺可以在用戶完成一個任務後彈出一個請求：是否分享到糖友圈，而使用者則可以根據隱私程度自由選擇。

總而言之，是否能有效靈活地保護個人隱私，會在未來成為評估一款軟硬體設備使用者體驗效果的核心標準之一。

第十四章

廣告

第十四章

廣告

　　廣告，只要有商業的地方，它便如影隨形，像空氣一樣彌漫在你生活的各個角落裡，無論你愛或者不愛，它都會換個法子出現在你面前。而你即便明知這是廣告，有浮誇的成分在裡面，還是會被影響，甚至被左右了消費方向，所以誰也阻擋不了廣告主們不遺餘力地尋找更佳的廣告展現載體。

　　那麼在可穿戴設備時代，你或許會覺得可穿戴設備介面太小而被廣告主們忽視了。NO，事實是他們的鷹眼早就已經盯上這方寸之地。廣告講求一個詞：精準，而廣告主之所以看上可穿戴設備，恰恰是這些設備仿佛一個 FBI 情報員一樣，無時無刻不在向廣告公司回饋目標使用者的一舉一動，能讓他們根據這些資訊制定更具個性化的即時廣告，並且實現前所未有的精準投放。

14.1 哪些人在躍躍欲試？

（1）可穿戴廣告引擎

　　印度一家名為 Tecsol Software 的公司針對可穿戴設備推出了廣告引擎服務。他們以酷帥的 Moto 360 為示範模特，在它上面模擬了多個場景，比如你在街頭行走時，螢幕上會馬上顯示附近咖啡店的資訊，或者在用

戶赴約前彈出天氣預報。

　　Tecsol 已經為廣告引擎開發了一個雲端化的基本 MVC 框架模型，可以讓廣告客戶上傳靜態的廣告圖片，然後再通過廣告引擎推送到可穿戴設備上，使用者則可以選擇點擊廣告或取消，其動作將會被回傳給平臺進行分析。

（2）可穿戴廣告虛擬模型

　　「任何帶螢幕的設備都有著令人關注的商機。」移動廣告工具開發商 InMobi 副總裁兼營收與營運主管阿圖爾·薩蒂賈（Atul Satija）指出。他們已經有一個團隊在開發智能手錶、頭戴式顯示器等產品上廣告的虛擬模型，探索使可穿戴設備成為下一個有力的行銷平臺。

　　此外，千禧媒體公司（Millennial Media Inc.）和吉普公司（Kiip Inc.）都已加入尋找可行的穿戴式廣告技術，欲將這種可穿戴設備打造成新一代的行銷平臺。

（3）TapSense Apple Watch 廣告投放系統

　　移動行銷公司 TapSense 在 Apple Watch 還未發布的時候，就已經針對蘋果 Apple Watch 推出了廣告投放系統，這個平臺允許開發者和商家在 Apple Watch 上進行廣告投放，並且具有高度當地語系化以及集成 Apple Pay 等特色。

　　TapSense 的開發者認為，當地語系化是手腕廣告的一個屬性，憑藉 iPhone 的 GPS 功能，與之連接的 Apple Watch 可以根據所處的位置顯示廣告，與 Apple Pay 集成，則可以讓商家投放優惠券之類的，實現「刷 Apple Pay 可用優惠券」。但目前蘋果不一定允許 TapSense 在 Apple Watch 上投放廣告，因為 TapSense 公司曾在其博客中聲明，他們的服務還無法整合 Apple Pay。

此外，移動購物公司 inMarket 稱他們將很快跟進 Apple Watch 的廣告推送，允許用戶在購物時通過類似 iBeacon 的技術將宣傳內容推送到 Apple Watch 上，但會不會採用 iBeacon 並不清楚。

14.2 可穿戴設備時代的廣告

可穿戴設備所展現的行銷機遇主要在於其擁有富有價值的獨特數據，同時可進行提取加工分析，並據此提供更加細緻的客戶資訊，讓廣告主、行銷者有了更新更好的方式來將資訊精確推到消費者面前。與當前廣告方式最大的不同，在於智能穿戴時代的廣告更精準、更隱秘，這對移動行銷具有重大意義。

（1）智能眼鏡

Forrester Research 分析師朱莉·阿斯克（Julie Ask）認為，諸如電腦化眼鏡的設備或許甚至能夠探測在逛街購物的用戶在留意哪些商品。「產品感知到我在那裡這一點很有趣，而感知到我盯著什麼商品看了三、四分鐘則更為有趣。」

谷歌眼鏡已經有了相關的專利，它能夠追蹤使用者的視線來瞭解他們的想法，甚至還會生成使用者的視線日誌，即使用者在帶著谷歌眼鏡的時候，看過什麼，停留的時間多長，當時的情緒是怎樣的，未來都將一清二楚。此外，谷歌還獲得了一項關於顯現在智能眼鏡上，並且包含付費推廣內容的專利，這個專利描述中指出「會在一定程度上依據每次注視費率來向廣告主收費」。

顯然，相比其他智能眼鏡，谷歌眼鏡在廣告行業最具競爭優勢，因為它背後有巨大的使用者數據作為支撐。之所以谷歌眼鏡能夠根據你的偏好將附近的餐廳推介給你，還能告訴你，你有朋友正在那家餐廳用餐，

以及這家餐廳的優惠券和打折活動，都是基於大數據分析。

此外，在同類智能眼鏡中，目前也只有谷歌眼鏡的人機互動體驗效果最佳，而這一點對於可穿戴設備時代的廣告，會在很大程度上提升用戶對於廣告的接受度。比如基於語音對話模式的互動性廣告、自主選擇性廣告，一方面解放了用戶的雙手，另外，占據了主動權。

可穿戴設備裡面，螢幕最大的就數眼鏡或者手錶了，但是顯然這個「大」還是很小，因此哪家廣告商如果不識趣地，並且粗暴地用廣告擠滿了用戶的手錶螢幕或者眼前，的確會讓人難以接受。谷歌眼鏡雖已經有相關的廣告投放專利，但也還不敢輕易有所動作，甚至曾當面否認不會考慮在谷歌眼鏡上投放廣告，他們的發言人稱：谷歌不會將谷歌眼鏡上應用軟體中所產生的使用者數據傳輸給任何廣告主或者代理商，這說明谷歌關於在智能穿戴設備上投放廣告這一行為非常慎重，然而種種跡象表明谷歌又是最有可能會首先點燃可穿戴設備行銷這把火，就像它引爆可穿戴設備、智能家居的概念一樣。

（2）智能手錶

目前雖然還未出現真正意義上的智能手錶上的廣告，但顯然這塊螢幕已經被很多廣告商盯上了。就智能手錶的外在造型來看，無論是圓的還是方的，有一點是可以確認的，就是投廣告的地方沒有手機那麼寬敞，不過方寸之地仍可有大作為。

有人認為智能手錶會成為人們日常生活中繼電視、電腦和手機之後的「第四塊螢幕」，如果真的是這樣，那麼它註定要成為廣告界追捧的新角兒。

《Hacking H(app)iness》的作者 John Havens 說：『智能手錶會提示「你的脈搏頻率在升高，請減少咖啡的攝取」。』Havens 還預見了智能手錶一個稍微隱蔽的用途，當你走過一家商店，店主可以監測你的脈搏。

如果某一件商品使你的脈搏加快，店家便會向你推銷該商品。

這種廣告的投遞形式重新定義了「精準」一詞，傳統的精準建立在廣泛的大數據分析上，比如你在搜尋引擎中留下了搜索某種商品的痕跡，那麼網頁會彈出與該商品相關的商家廣告，但其實對方並不知道你真正喜歡怎樣的產品，甚至不知道你到底買了沒有。而智能手錶的這種「讀心」功能將「精準」拉升了不止一個檔次，通過心率測量用戶喜好，並且在後期通過累積這些數據得出精準的使用者偏好。

目前，監測身體各類數據的功能已經成了大部分智能穿戴設備的標配，特別是腕戴類的產品，可以直接通過手腕的脈搏測量心率，這一功能不僅能夠用於輔助醫療，對於那些想獲取用戶終極隱私的廣告主們而言，也是一個絕佳的功能，而未來，這樣一項功能將被用在哪個領域更多，誰知道呢？

（3）指尖上的大腦

可穿戴設備製造公司 Personal Neuro 公司有這麼一句口號：「你指尖上的大腦。」這句話是什麼意思呢？就是**未來可穿戴設備的廣告很可能是通過掃描使用者大腦後進行推送的。比如你情緒低落了，可穿戴設備會給你推送巧克力或者某音樂專輯的廣告；你肚子餓了，它會在掃描你大腦後，知道你想吃中餐還是西餐，然後進行精準推送。**

相關的大腦掃描研究技術在近幾年已經陸陸續續地出現了：美國康乃爾大學認知神經系統科學家南森・斯普林格使用功能性磁共振成像掃描技術，將大腦中的圖像直接解碼，即我們可以看見他人大腦裡想像的事物；英國科學家研製出一套「通靈」讀腦儀器，試圖使用這種電腦儀器來讀取人類大腦所思考的事情，實驗表明這種讀腦儀器通過掃描大腦可獲得和解釋大腦的記憶資訊。

我相信廣告商們對這樣的技術肯定是歡欣鼓舞，但對於用戶而言就

不一定，如果未來大腦掃描技術真的成熟到一個程度，即可以即時知曉你最隱秘的想法，那不是很可怕的一件事情嗎？在行銷界，將類似於這樣的行銷方式稱為「神經行銷」。

無論可穿戴設備上的廣告最終將以怎樣的形式出現，就目前而言，似乎是在設備上集成支付與定位系統，簡單地推送一些附近店鋪優惠券這種方式最為可行，也是用戶最能接受的，畢竟在使用者已經決定消費的情況下，優惠券之類總是不會嫌多的，再則帶著手錶刷單炫耀一下看起來也不錯。

14.3 可穿戴設備廣告存在的挑戰

（1）廣告的呈現載體

谷歌近期預測表示，未來廣告將遍布諸多奇特場所，例如用戶家裡的恒溫器、冰箱、汽車儀錶盤、眼鏡和手錶等物體上。冰箱或者汽車儀錶盤我們可以想像，因為它們都有比較大的空間來改造用於廣告投放的地方，但是可穿戴設備與這些智能產品還是有本質區別的。

當前的可穿戴設備物理螢幕均很小，這個大家有目共睹，而且這還只是針對有螢幕的智能手錶或者智能眼鏡之類的產品，像智能手環、智能戒指、智能衣物等各類其他產品根本就沒有螢幕，那廣告該以怎樣一種方式呈現？

美國一家初創公司曾推出了一款能將資訊投影在手背上的智能腕表，它內置了一個微型投影儀，能在使用者手背上顯示時間和各種智能手機上的通知。如果延伸到小螢幕的智能手錶或者沒有螢幕的其他智能穿戴產品，投影或許會是一個解決廣告呈現問題的方法。

但是，這其中還有一個問題，即未來可穿戴設備的發展方向是隱性化，產品的外在形態會越來越小，直至消失，換句話說它們會直接以微

型感測器的方式自然地融進我們的身體裡面，那麼，這個時候嫁接在看得見的產品上的微型投影儀就失效了，廣告怎麼辦？

語音。人機對話模式的下一個階段就是語音，而使用者在這個時候也會從原先的被動接收廣告轉向主動索取。舉個例子，比如你想買衣服了，隱藏了的設備在綜合季節、氣溫、主人身材、偏好、心理價位等資訊的基礎上，對線上的商品進行一輪篩選，然後推介到用戶面前。那麼，怎麼呈現呢？以虛擬實境的方式呈現在立體空間裡。

想像一下，你只要按動某個啟動鍵，講一句「我要買衣服」，你的眼前立刻出現虛擬實境影像，最重要的是那些衣服的試穿者不是身材與你大相逕庭的模特們，而是你自己，我相信這樣的方式相比如今的淘寶式購物，會讓你減少很多麻煩，比如退貨。

可穿戴設備最終的顯示技術就是依託於虛擬實境技術，在任意空間顯示，這就突破了現在螢幕小的問題，而當前依託於物理螢幕或者投影技術的廣告呈現方式都是暫時的過渡階段，但這個階段持續的時間會比較長，因為其中所要攻克的核心技術非一朝一夕就能實現的。

（2）消費者對廣告的態度

真正被賦予現代意義的廣告概念誕生於 17 世紀末，從概念誕生至今，廣告的形態、投放形式、承載媒介都已經發生了翻天覆地的變化，如今的廣告已經開始以一種無孔不入的方式出現在消費者的面前，而與廣告轟轟烈烈的發展勢頭形成對比的是，人們對於廣告的態度。

不久前，浩騰媒體發布了一個關於消費者對移動廣告態度的報告，其中指出消費者對移動廣告的態度多種多樣。絕大多數人（89%）都對移動廣告感到反感，但同時又有 75% 的人認為移動廣告是有趣的，甚至 94% 的人認為是有必要的。

顯然，大眾對於廣告的態度是矛盾的，可以有，但不願意被粗暴地

打擾。另外，進入可穿戴設備時代，至今還沒有明確的案例或者數據能夠說明，用戶能接受怎樣的廣告形式。但相比同樣的廣告在電視上或者手機上，和出現在用戶的智能眼鏡或者智能手錶上，肯定後者會更讓人感覺到自己的私人空間被可惡的廣告入侵了這一事實。

雖然，定製廣告、精準投放已經成為廣告行業接下去的發展常態，這在一定程度上緩解了用戶與廣告商之間的矛盾，但入侵用戶生活，強迫用戶接收的性質沒有變，而**進入可穿戴設備時代，消費者和廣告商會出現一種全新的關係，即將由可穿戴設備把關哪些廣告，什麼時候，以怎樣的方式出現在使用者的眼前，最大限度上讓廣告以一種輔助使用者更好生活的資訊狀態出現，同時也發揮廣告本身的價值。**

IDC最近做了一個研究發現，朋友圈推薦好的東西又不是廣告最受歡迎，換句話而言，你只要推薦的是符合用戶心理期待的好東西，是不是廣告已經不重要了。

總而言之，可穿戴設備會逐漸模糊市場行銷與生活的界限，而消費者與廣告商之間的關係也將重新被定義，未來，出現新的一個詞代替「廣告」也很有可能。

（3）大數據商業化與個人隱私之間的矛盾

商業似乎跟個人隱私天生就是對立的，特別是進入了大數據時代的今天，隨著數據計算分析能力的不斷提升，那些有意於利用這些數據的人可以輕而易舉地通過數據化的零碎資訊拼湊出一個現代意義上的完整的人。每個人的周邊仿佛有千萬雙眼睛在盯著你，以全景式方式在洞察著你。

對於置身其中的使用者而言，一方面渴望大數據時代給自己帶來更為貼心便捷的服務；另一方面，又時刻擔憂著自己的隱私安全遭受侵犯。這種焦慮從谷歌眼鏡在發布過程中屢屢受挫就能體現，即使谷歌眼鏡事

實上什麼也沒有做。

移動互聯網時代，用戶開始強烈感受到隱私洩露的威脅，而可穿戴設備時代，顯然是加深了這種威脅，因為可穿戴設備的核心就是個人數據價值的挖掘與利用。於廣告而言，可穿戴設備為其創造了一個全新的行銷平臺，讓廣告變得更具侵入性，而同時也讓個人隱私問題顯得更加突出。

大數據的商業化實質上就是一場商家與商家之間，用戶與商家之間的隱私交戰。對於商家來說，誰更靠近用戶的隱私，誰就獲得更多的機會；於用戶而言，則關注於如何在享受大數據時代給自己生活帶來便利的情況下，使自己的隱私盡可能得到保護。事實上，這二者是矛盾的，處在一種此消彼長的拉鋸戰中。比如，廣告商只有越多地知道消費者的真實想法，才能更精準地投放廣告，而真實想法又往往不能光明正大地獲取。消費者的恐慌則出自對二者關係未來將如何發展的不確定性，誰也不知道哪天商家會得寸進尺到什麼程度，而用戶與商家因為隱私問題將搞得如何不可開交。

因此，如何在可穿戴設備時代，於大數據商業化與使用者隱私保護之間尋找到一個平衡點，是這整個時代都無法繞過的一大問題。歐盟的「被遺忘的權利」允許用戶刪除認為侵犯到自己隱私的資訊，這是歐盟關於大眾隱私保護邁出的第一步，或許會收效甚微，但至少已經在提示所有人，大數據的商業化是大勢所趨，而個人隱私保護也正在隨之得到越來越多人的回應，未來，將在法律層面賦予每個人捍衛自身隱私得到保護的權利。

總的來說，在可穿戴設備時代，廣告的形態、價值、載體都將會發生根本性的變化，而對於可穿戴設備的商家們而言，這顯然是一個巨大的價值藍海。

第十五章

家居

第十五章

家居

海爾於 2015 年 6 月在日本推出一款搭載 Android 系統並配備液晶顯示幕的智能冰箱「AQUA (DIGI-type 1)」。顯然,這款冰箱很有可能會刷新用戶歷來對冰箱的使用體驗,就是不知道會刷到哪個程度。

據悉,這款冰箱搭載 Android 作業系統,上下門各裝有一塊 32 英寸全高清液晶顯示幕,可顯示食材新鮮度,也可放在客廳當電視。使用者可以通過 WiFi 把冰箱接入網路,實現上網購物等。當然,它還支援一系列的應用程式和服務。

總之,這款智能冰箱已經超出冰箱本身冷藏冷凍食物的用途,可以為用戶帶來其 他功能和體驗。

海爾冰箱的這次嘗試表明了家居智能化是未來的大勢所趨,先從冰箱入手,在於它有兩扇甚至三扇大門可以用來開發,另外,冰箱也早已普及成為家家戶戶廚房的標配電器產品,作為從冰箱起家的海爾而言,先將冰箱智能化是再合適不過的選擇了。

15.1 物聯網的中心——人

這幾年發展得如日中天的移動互聯網,無不在圍繞著「人」這個個體衍變出千奇百怪的生活方式,同樣,進入當下概念被炒得沸沸揚揚的

「物聯網時代」，目的依舊只有一個，圍繞人建立更加個性化、便捷化的生活，而邁向這種生活的第一步便是打造依託於可穿戴設備的智能家居。

可穿戴設備讓人與設備之間的距離縮短了，更好地體現了人在智能時代的主觀能動性，而電子與生物的融合技術以及大數據與雲計算讓人變得越來越智能，神話故事裡神仙的「意念控制」不再是幻想。在神經影像技術所建立起的大腦控制內容數據庫上，將可植入式晶片植入大腦對應的控制位置，利用其對大腦進行電刺激，阻止或記錄（或同時記錄和刺激）從大腦神經元傳入或傳出的信號，就可以間接獲取被植入人的特定資訊或向其輸入執行特定命令。在這一基本原理上，將可植入式晶片植入大腦的不同位置，就會實現不同的功能。

人成為智能化的終端媒介，家居生活不再需要中央控制電腦，人腦與硬體人機合一，你的「想法」就能幫助你發出指令，並直接操控家居一切設備。

未來 24 小時，智能圍繞身邊

科幻電影中的虛擬顯示結合人的「超強」大腦，未來人們生活中將處處都有智能電子屏的盛景，這將是一個令人興奮的世界。

早晨，低頻振動類型的智能提醒，配合睡眠跟蹤監測數據，在已設定的健康時間之前半個小時以振動的形式喚醒用戶，一天好心情從起床開始。全自動早餐設備，已經根據數據做好每日分類營養早餐，只需要睜開雙眼，在面前的虛擬智能電子屏中，選擇開始，美味的早餐即可送上。

上班之前，智能聯網設備可以清晰地為您規劃實景路線，大數據和雲計算會告訴設備，即時人流量和車流量，並預計各條路線的出行「擁堵情況」，為你選擇最佳路線，並提前預訂好目的地周邊的停車位，並實現網上支付以減少進出停車場的等待時間。

離開家後，家中自動進入無人模式，燈光、溫控等進入智能節能模式，家用電器進入準備狀態，冰箱開始清點食物庫存，及時網上自動下

單、採購補充食材。智能清理機器人，開始清潔工作，清潔完成自動待機。下班前，將今天想要吃的中餐／晚餐通過生物智能控制下達指令，家中的人工智能及智能家居設備就開始工作了，根據你的要求，為您準備符合你口味的大餐。

忙碌了一天，帶著疲倦的身體回到家中，智能監控設備為你打開車庫，門禁系統生物識別為你開門，並同時根據你的指令開啟家居溫馨模式，燈光、音響、空調、電視、家居背景為你營造舒適環境。如果想帶朋友狂歡，完全不用出去，只需下達指令，家居幫手們就會為你打造一個盛大的晚會現場，並為你提供豐盛的食物、飲品。洗完澡後，虛擬視訊與朋友、家人做簡短的晚安問候，進入睡眠模式，根據你的睡眠數據，智能家居自動調節，為你營造最佳睡眠環境，並時刻檢測你的睡眠狀態。一天生活，在輕鬆便捷的同時，智能家居還會帶給你溫暖的問候語關心，人工智能語音更是可以充當你的臨時朋友，傾聽你的訴說，為你分擔，並提供建議。

總而言之，在物聯網時代中的智能家庭裡，汽車、電器和所有其他裝置都有偵測器和網路連接，可自行思考和行動。裝置與裝置之間、裝置與人之間實現直接的對話。

15.2 最佳的智能家居終端——可穿戴設備

現在市面上大部分的智能家居，連接的終端主要還是智能手機，這對整個智能家居產業來說，其實還只是開始，真正的智能家居時代肯定是連接在可穿戴設備上的，因為唯有可穿戴設備能即時監測人體的各項數據，而這些數據未來會成為打造智能生活的核心。

作為智能家居的先驅大牌企業海爾在不久前就已經研發了全球首款控制空調的智能手錶。通過這款手錶，使用者只需通過簡單的語音指令

就能夠對空調進行控制，開關機、調節風量、濕度等所有空調功能都會實現，相對現在備受推崇的手機 APP 控制，也省卻了掏出手機、打開 App 這兩個步驟，讓使用者可以更「懶」，也打破了目前白色家電互聯網轉型通用的「產品 +App」發展模式。

家居與可穿戴設備的結合，最大的顛覆在於，所有智能化的家電家居將逐漸隱於生活之中，雖然空間依舊被占據著，但情感上將越來越感受不到它們的存在，因為這一切感受將全部由可穿戴設備接棒。比如你跑完步回家，原本需要開門進 屋，手動按遙控打開空調，然後慢慢感受室溫降到舒適的溫度，但是未來智能化 家居生活會將這一切都省略掉，那個時候，你回家，不用掏鑰匙開門，智能門會自動識別你是否是這個家的主人，家中空調早就根據智能手錶傳達的體溫、心率等資訊自動調節到適宜的溫度和濕度，浴室也已經放好了熱水等待你沖涼，總而言之，用戶與所有家居之間都將可以實現零互動。

智能家居與可穿戴設備，同是智能化時代的產物，二者的交互融合是大勢所趨。作為人體智能化延伸的可穿戴設備是人與物交互智能的體現，可穿戴設備作為互聯網物理屬性的產品，不僅能將人與硬體進行連接，在智能家居方面，可穿戴設備更是家居是否能有效智能化的關鍵載體，成為開啟智能家居的迷你鑰匙。

而可穿戴設備介入智能家居，還將極大地減少使用者和產品的互動，甚至在某些方面實現「零互動」，實現真正的「便捷體驗」，目前基於手機、平板控制的智能家居產品時代將會被徹底顛覆。

15.3 融合了可穿戴終端的智能家居優勢

智能家居現在還在發展階段，仍需要人來簡單操作從而完成指令，所以，控制端在攜帶上和操作上的簡化對智能家居的發展意義重大。目

前，智能家居的控制端大多是基於手機和平板電腦為控制介面，如果將控制端改為可穿戴設備，例如手錶，將會極大地改善用戶的體驗。筆者認為其優勢主要體現在以下幾個方面。

（1）操作更加便捷，將人性化發揮到極致

相對於手機平板控制的智能家居系統，融合了可穿戴設備的智能家居在使用上將更加便捷。在操控方面，它幾乎可以完全依靠人體的自然動作實現操作，比如通過眨眼、揮手等開啟錄音或下達指令。這顯然比雙手捧著設備按鈕、滑動、翻功能表、搜索更加誘人，極大地縮短使用者與產品的互動時間。

（2）24小時隨身攜帶，無時間空間界限

就像智能手機相比PC可更加便於攜帶一樣，可穿戴智能設備相比其他移動設備在攜帶上無疑更加便攜，不管你多愛自己的手機，也不可能在晚上抱著它睡覺，但是手錶、腕帶等可穿戴設備卻可以。可以抱著睡覺並不能算是優勢，但全天候攜帶的特性卻可以給我們帶來很多有價值的應用，比如對病人進行持續的家居醫療監測等。

（3）與生俱來的計算能力，讓智能生活有的放矢

由於可穿戴設備幾乎跟人體融為一體，其所帶來的強大計算能力與生俱來。這些數據與家居系統建設的融合將極大改善家居體驗，做到私人專屬定製，讓便捷真正滿足用戶所需。

（4）實現人與物的互動，讓家居生活進入智能時代

目前智能家居存在的一個普遍問題就是停留在物與物之間的智能連接，不論是基於匯流排、無線，或射頻技術，都是基於硬體產品之間的

技術探討。而智能家居的核心是如何讓產品智能化後為生活服務，因此基於可穿戴設備進行連接與控制的智能家居產品，將有效地連接人與產品之間的智能互動。通過可穿戴設備產生的人體體態數據，自動對產品進行控制，不論是動態或是睡眠。

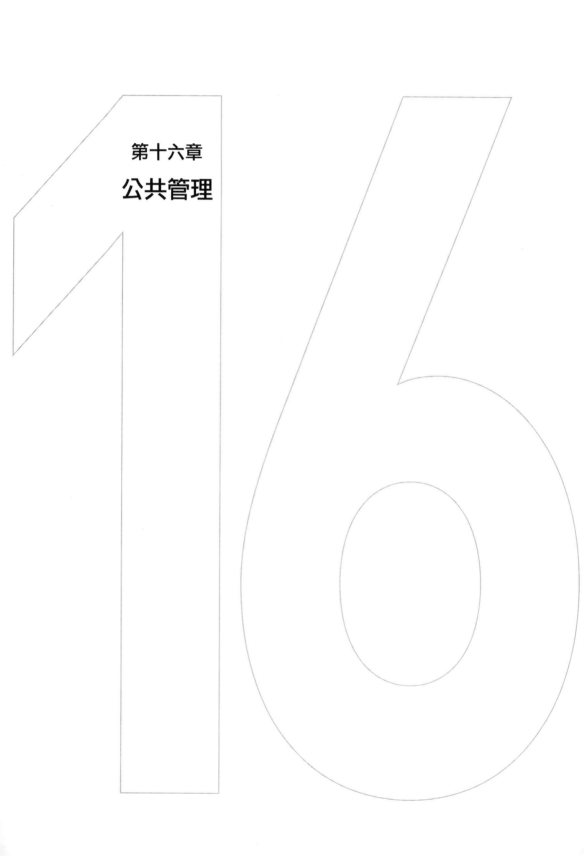

第十六章

公共管理

第十六章

公共管理

　　根據《富比士》的報導，在一起傷人案件的訴訟中，原告，生活在加拿大卡爾加里的一位女士利用 Fitbit 上的數據向法院說明，自從發生了意外事件後，她的活動能力出現了下降。重要的是，這些數據是由第三方分析機構 Vivametrica 經過分析後再遞交給法院的，並非直接遞交原始數據。這是有史以來，法院第一次允許人們使用個人健康追蹤器上的數據作為呈堂證供。

　　這個例子讓我們預見到，未來結合可穿戴設備的個人數據將會出現更多的應用方式，特別是在一些公共事件管理中，如犯罪管理、破案偵察、城市建設、民意調查等方面，可穿戴設備都將發揮越來越多的作用，為政府以及各個機構節省成本。

　　可穿戴設備先驅，富比士全球七大權威大數據專家之一，阿萊克斯・彭特蘭教授在一場名為「大數據開啟大未來」的主題演講中，道出了其中幾分玄機。他談到：可穿戴設備時代的大數據未來可能在健康、金融、**城市發展以及犯罪預測等多個領域發揮無可估量的作用，為我們展開了一組數據書寫的未來生活畫卷。**

16.1 身份驗證：可穿戴設備的殺手級應用

現今，身份驗證方式已經越來越多，安全保障也是層層升級，甚至已經有許多智能設備都可以直接採用人體生物特徵，如指紋、心率、臉部特徵等進行身份驗證，這些方式既快速又安全，可以說是非常完美和受歡迎的一種身份驗證方式。相比傳統的通過密碼加密方式，採用人體生物特徵方式進行加密解密的方式將會逐漸替代傳統方式，成為未來分布在各種社交網站、智能設備、支付方式中最為主流的一種安全方式。

然而，實現這種方式的絕對安全，可穿戴設備會是終極的選擇。為何這麼說？因為穿著它，就是個驗證。**可穿戴設備相比其他智能設備是最瞭解使用者的，它的主要職能就在於搜集使用者身上的數據，而這些數據在經過後期的加工處理以及反饋，便成為獨一無二的身份識別驗證碼。**換句話說，依託可穿戴設備打造的身份識別方式，不僅是依據某一樣人體生物特徵進行身份識別的，而是依據包括心率、血壓、血脂、臉部特徵、皮膚特點、個人喜好等在內的具體以及抽象的各類數據綜合而得出的一個身份識別碼，這個身份識別碼是獨一無二的，也是不可替代的。這就是可穿戴設備巨大的魅力所在，這樣的應用若還稱不上殺手級應用，還有什麼可以？

在這個人心惶惶，大家都害怕自己的隱私被竊取、金錢被盜的時代，數據安全成為了每一個人顯在或者潛在的痛點。沒有人能夠一邊使用著移動互聯網給自己生活帶來的便利，而可以完全不考慮安全，如果真的是這樣，你就可以連密碼也省了。但事實是，所有有用過支付寶的人，都是層層綁定，連支付寶的密碼輸入鍵盤也是專門加密的，從這些現象中我們就可以看出，用戶對安全有多麼重視。

（1）依託可穿戴設備的安檢方式

　　亮出了可穿戴設備的殺手級應用，那麼，它和公共生活有什麼關係？筆者的觀點是，可穿戴設備獨一無二的身份驗證是未來支撐所有公共管理的核心，即如果沒有這個功能，其他的一切都將無法推行。我們可以從以往的公共生活管理中觀察到，個人身份的識別困難對其造成的阻礙有多大。

　　在深圳市，據當地軌道辦介紹，安檢設備在不包括設備維修維護成本的情況下需要支出約1.2億元，每月投入的人力成本則多達500多萬元，每年的安檢光人力的營運成本就超過了6000多萬，這樣算下來，如果加上設備成本每年折算的話，深圳地鐵每年的安檢成本估計在1億左右。而2013年中超公司總收入約2.2億元，淨利潤1億元。深圳地鐵一年的安檢成本相當於中超一年淨利潤。這還僅是地鐵，此外還有機場、客運車站、火車站等公共交通場所以及大大小小的需要安檢的地方，數不勝數，這些地方的安檢方式都還延續著傳統的耗費人力以及時間的方式進行著，我們可以預測依託可穿戴設備的安檢方式在全國的市場將有多大。

　　2014年3月25日，春秋航空借助可穿戴設備智能手錶，首次成功完成快捷登機，旅客使用智能手錶展示二維碼登機證完成驗票、過安檢、登機。

　　「叮！」把手腕靠近地鐵閘機，就完成了地鐵進站刷卡。這樣不用在乘坐公交、地鐵前忙亂地在包裡尋找公共交通卡（公交卡），只需用手腕上的智能手錶就能實現刷卡進站。如今，在北京已經實現刷手環乘公交。

　　在公共生活領域，可穿戴設備將首先在交通安檢這一領域發揮作用，依託於可穿戴設備的安全身份識別應用一旦形成，將會為我們的出行帶來巨大的便利，首先就是坐公車、地鐵，再也不用帶公交IC卡了，更不用到一個站就掏身分證，這一切在以後直接帶個手

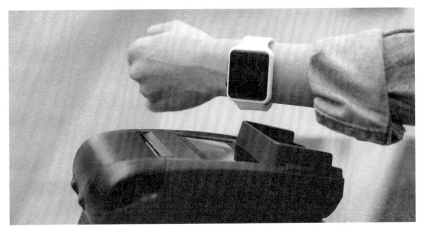

圖 16-1 刷手環完成支付

環,刷一下就什麼都解決了(圖 16-1)。

　　**從交通安檢延伸到其他各種要辦卡的領域,對於特別愛辦各種會員
卡、銀行卡的人將是一次解放。**以後出門,再也不用因為錢包塞不下各
種卡而煩惱,這些卡可以全部裝進智能手錶中帶走,需要用的時候,輕
喚一聲,它就自己蹦出來了,取錢,拿會員積分兌換禮品都不用你輸入
繁瑣的密碼,只要一刷就可以了,即使是掉了,別人撿到也是廢物一個,
因為沒有你身上獨特的「味道」,這只錶一定罷工。

　　穿戴一個智能設備在身上,於人於己都方便。紐約的一家工作室就
提交了一個項目,目的在於增進公共交通工具的方便性。他們設計了一
款名為 Relay 的腕,可以整合地鐵數據,並即時向佩戴者顯示這些數據。
比方說,你拿不定主意是坐計程車還是乘坐地鐵時,Relay 會告訴你,哪
趟地鐵將在何時到達附近的地鐵站。

　　可穿戴設備在經過對數據進行分析之後,能夠精確地獲知用戶當前
所處的狀況,以及所需要的建議,並且能夠即時對情況進行處理,為使
用者提供切實可行的方案,這種技術會在智能型城市的建設過程當中,
成為提升公共交通使用率的一種有效方式,因為它可以讓市民上下班通

勤變得更方便、更愉快。

這僅僅是可穿戴設備進入公共服務領域的開始，不久的將來，可穿戴設備將被引入政府的公共管理領域。當公民資訊、公民誠信檔案等被植入可穿戴設備時，我們將不再為身分證的攜帶、丟失而煩惱，我們也不再為過安檢時的身分驗證而感到繁瑣，也不再為實名制而爭論，這不僅節約了公共管理成本，提升了效率，更能有效預防犯罪事件的發生。

（2）依託可穿戴設備的實名制

當「你」是以「你」的身份出現在網路環境中的時候，你還敢輕易亂來，或者製造謠言嗎？諒你也不敢。當買各種票開始實名制了，辦各種卡開始實名制了，開通手機號開始實名制了，甚至買手機也要實名制了的時候，你覺得其他的實名制還會遠嗎？特別是在網路環境中，許多人都因為虛擬身份而肆無忌憚地發言，罵髒話，咆哮，製造謠言，這一切給我們的「網路淨化師」們不知道製造了多少的困擾，即使是這樣，在如今的環境下，他們依舊沒有非常有效的辦法讓這一切好轉，哪怕減少一點點，為什麼？因為，從外部施壓只會讓那部分喜歡在網路上發洩的人更加囂張，只有一個辦法可以緩解這些情況，實名制。

2013 年 3 月 16 日，新浪、騰訊等微博全部實行實名制，需要提供身分證資訊進行認證，採取前臺用戶名稱自願、後臺身份資訊實名的形式。在此之後，未進行實名認證的微博用戶將只能流覽，不能發送微博、轉發微博；2015 年國家網信辦全面推進網路真實身份資訊的管理，以「後臺實名、前臺自願」為原則，包括微博、貼吧等均實行實名制，對此將加大監督管理執法的力度。

實名制的利弊我們在此不做分析，但有一點我們能看到，對於推行實名制，這些網路社交平臺所要花費的人力物力將攀升。拿新浪微博舉例，實名制後將提高三方面的成本，一是營運系統的複雜性將提高，需

要更多伺服器；二是網站需要核查使用者「身份資訊」；三是用戶隱私保護要求更高，保護難度更大，這也將提高微博網站營運成本。

而目前網站可使用的「公民身份資訊核查」業務，價格分兩種：一是個人用戶，每次 5 元，二是企業用戶（比如支付網站），收取包年費用，價格比單筆 5 元低很多，平均下來，一般是 0.5 — 1 元／人次。據新浪在 2013 年自己宣布，新浪微博用戶已經超 5 億，那麼如果按照 0.5 — 1 元／人次的價格，僅新浪微博用戶的實名制市場蛋糕大約 2.5 億—5 億元。

可穿戴設備時代的到來將會加速「實名制」的進程，從而有效消除治安管控盲區。怎麼去理解呢？上文提到可穿戴設備的殺手級應用就是身份識別驗證，這一功能對實名制來說，起到的是一個根本的推動作用。我們在微博註冊等級身分證等資訊時，後臺的工作人員還需要去核查這些資訊是否是真實的，而可穿戴設備將這一環節省略了。未來帶著可穿戴設備註冊任何網路平臺，用於登記實名制的相關資訊將直接傳到營運商，並且絕對真實。再則，關於數據安全問題，這把鑰匙只有使用者本人，可穿戴設備一旦離開使用者，那些關於個人的資訊也會暫時打不開，這種安全等級是前所未有的。

除了新浪以外，還有支付寶公司、百合網、世紀佳緣等網站，雖然不知道確切的數據，但是從新浪一個例子中就可以知道「實名制」在未來的網路世界裡是片藍海，這也符合從內在約束一個人在公共空間裡注意自己言行，使得網路環境更加有秩序，從另一個角度來說，政府將會不遺餘力地推動與這方面相關的建設。

16.2 約束犯罪行為

據媒體報導，杜拜市的員警們已開始使用谷歌眼鏡來幫助識別被盜汽車了。這種設備有兩款應用程式，其中一款允許佩戴者使用谷歌眼鏡

來拍攝交通違章行為；另一款應用程式則可以通過車牌比對來幫助識別被盜的汽車。此外，紐約市、洛杉磯以及拜倫市的警察署也在試用谷歌眼鏡。

美國密蘇里州小鎮弗格森所爆發的騷亂可謂是引人注目，事件的起因是白人員警槍殺手無寸鐵的黑人少年，從而遭到了民眾的抗議。該事件也引發了美國輿論對員警執法透明度的再次討論，所以員警佩戴可穿戴式相機，就是可以通過技術手段來解決此類問題的一個方式。

目前，在美國加利福尼亞州裡亞爾托地區，幾乎所有的員警都裝備可穿戴式相機，成效顯著。第一年，整個地區的武力執法下降了60%，員警投訴率也下降了88%。心理學家表示，可穿戴相機的作用不僅僅是約束員警，同時也約束公民，從而減少犯罪行為。

可穿戴設備特別適合協助員警辦案，比如頭戴式測謊儀，讓嫌疑犯的謊言無所遁形。我們可以在頭盔中裝上能夠檢測腦電波或者神經系統的探測頭，如果向疑犯拿出犯罪現場或受害者的照片，詢問疑犯是否瞭解照片中的現場或受害者時，不管疑犯表面裝得多鎮定，只要他說謊，就能立刻反映出來。這才是正宗的「讀心術」，是真的能讀到你的心，而不像今天的要靠觀察對方非常細微的表情動作來進行判斷。可穿戴設備時代，我們的思維將越來越多地暴露在大眾面前，比如，面對面相親的男女，談判桌對面的客戶，甚至是賭場裡的對手。

還有如果能夠快速識別混跡在普通人群中的犯罪嫌疑人，將能快速推動案件的發展。巴西警方就有這樣一款可穿戴設備，它是一副眼鏡。這款眼鏡能在50米的距離之外每秒鐘掃描400張面孔，然後將每張面孔的46000個生物識別點與罪犯資訊庫進行對比。一旦資訊匹配上，就在眼鏡畫面裡以紅線標示可疑人員，不必讓員警和市民經受枯燥的隨機身份核查。而美國將發售一款售價3000美元的警用智能眼鏡，除了上述功能外，還能在追捕過程中推測疑犯可能的逃亡路線。

不管是智能頭盔也好，智能眼鏡也好，不同的可穿戴設備在協助警方執法方面將發揮越來越關鍵的作用，這樣一方面起到提高破案效率的作用，另一方面也抑制犯罪事件的發生，促使社會更加安定。

16.3 你的城市 你來建設

1998 年的某一天，統計學家大衛·費爾利（David Fairley）走在三藩市市一條繁忙的街道上，準備去幼稚園接兒子，隨後他感到四肢無力，頭暈眼花。在被送往醫院的途中，他的心臟病發作了。

大衛·費爾利將自己心臟病發作的原因之一歸結為倫敦當時的空氣環境，即他在通過多年的研究得出，調查空氣顆粒物與死亡率上升之間的關係，特別是心血管和呼吸系統問題導致的死亡。

他談到：「即使我心臟病發作還有其他因素，我仍然相信，當時在那條街道上步行，是導致我發病的原因之一。」他說。「超細顆粒非常之小，所以相當不穩定。它們不會停滯，而是會聚集成較大的顆粒或者擴散出去。在車流量大的街道上，超微粒子的濃度真的高得多。在一兩條街之外步行就會安全許多。」在許多年之後，大衛·費爾利才醒悟到，如果客觀環境還暫時無法改變，那就只能改變自己的出行路線，後來，他改走了一條車流量比較小的街道。

從這個真實的案例中，我們可以獲知人們對於環境對身體將產生怎樣的關聯影響之間的認知，最樂觀的狀態也莫過於像費爾利一樣了，即使是這樣，在行動上他還是滯後了許多年。那麼，在這個方面，可穿戴設備能發揮怎樣的作用？

可穿戴物設備有許多產品形態，比如腕帶、手錶、衣服等，然後在這些產品中置入無線感應器的防污染口罩帶，它們能夠即時地收集街道上的各種數據，比如空氣顆粒濃度、二氧化碳含量、PM2.5 指數等等，

把它們跟來自政府、學術界等機構的歷史數據做比較，在關鍵時刻把正確資訊推送給使用者。

如果當時的大衛‧費爾利擁有這樣一款可穿戴設備，他就不會在多年後才改變自己出行的路線，因為，可穿戴設備會在當時馬上通過不同的提醒方式提醒他這條街道的顆粒濃度會對他的身體造成不利，甚至導致心臟病的發作等等，並且建議他走哪條道會更好，這就可以使他即時做出正確的決定，馬上改變線路，而不至於讓自己的身體長時間暴露在不良的環境中。

（1）跟政府和學術機構合作

目前，已經有越來越多的可穿戴設備公司在努力為學術研究人員和政府提供相應的數據。例如，可穿戴設備會在空氣指標達到一定程度時，提醒用戶目前處在什麼程度的空氣污染中，這會給他的健康造成什麼樣的潛在影響。有了這樣的資訊，空氣污染管理機構就有可能設置更加合理的標準，制定更加有效的政策了。

這其中最主要的技術難題就在於大數據的分析，標準的制定，而這也同時是許多可穿戴設備公司或者數據分析公司的一大商業機會。無論如何，可穿戴設備的核心就在於大數據的搜集以及深度挖掘，如果只是單純地搜集，沒有後續的分析、回饋，那麼這些數據也就沒什麼存在的價值和意義。

特別是將這些數據分析報告提供給相關的政府機構，將會為未來的城市建設帶來巨大的效益，無論是政策制定、藍圖規劃、民眾參與等各個方面，其精準度和效率都將得到有效提升。

目前，也已經有企業開始著手這方面的探索。喬納森‧蘭澤（Jonathan Lansey）是可穿戴設備高科技公司 Quanttus 的數據工程師，該公司正在研製的一款手錶可以測量和分析佩戴者的生命體徵（心臟率、血壓、體

溫）在各種狀態下的反應，比如運動狀態、睡眠狀態，處在不同程度的空氣污染中，以及不同的天氣情況下。該公司還積極尋求與學術機構合作，希望為學術機構提供匯總數據。蘭澤說，Quanttus 公司打算把使用者數據提供給學者。學者可以利用這些數據，幫助改進一些研究課題，而政府在起草政策時，會以這些課題為依據。

「我認為，這會是我們為社會做出的一大貢獻；我們確實是在開創生意，但這裡面也存在一些利他主義因素。」Quanttus 公司產品管理副總裁史蒂夫・容曼（Steve Jungmann）說。除了提供數據，該公司還為各種研究工作開發設備。

（2）智能城市

2015 年 6 月，谷歌 CEO 拉里・佩奇在 Google+ 上發帖稱，公司將創辦一家名為 SidewalkLabs 的城市創新公司，主要用來改善全球數十億人的生活。SidewalkLabs 的重點是開發新的產品、平臺和合作關係，以便解決生活成本、交通效率、能源使用等多方面的問題。谷歌的定位很清楚簡明，就是「人」，如何讓人在這個城市中活得更輕鬆自在，不會整天擔心會堵車、沒停車位、吃飯要排很長的隊、空氣污染嚴重等等問題。那麼怎麼做到這個？一個辦法，讓我們所在的城市變得越來越智能。

IBM 將智能城市定義為：可以充分利用所有今天可用的互聯化資訊，從而更好地理解和控制城市營運，並優化有限資源的使用情況的城市。未來科技會成為推動整個城市建設的中堅力量，反過來說，沒有科技，城市將變得寸步難行。作為最早為打造智能城市提供解決方案的 BM，已經為多個國家多個城市的交通提供了多項管理方案。

IBM 對已開發和開發中國家 50 多個城市的調研結果表明，全球城市都面臨著各自獨特的交通問題，而斯德哥爾摩、新加坡、倫敦等已在 IBM 智能交通解決方案的幫助下，取得了顯著成效。斯德哥爾摩每天都

有超過 50 萬輛汽車在城市中穿梭。2005 年，這座城市的人們上下班花在路上的平均時間比上一年增加了 8%。之後，瑞典皇家學院開始與 IBM 合作，研發適合當地的智能交通系統。統計數據顯示，斯德哥爾摩 2006 年開始試用智能交通系統，到 2009 年實現交通堵塞降低 25%，交通排隊所需時間減少 50%，計程車的收入增長 10%，城市污染也下降 15%，並且平均每天新增 4 萬名公共交通工具乘客。

一座城市有多智能當然不僅僅是從交通來反映，交通是城市表面的東西，而實際是更加離不開科技，同時這也是可穿戴設備發揮作用最適合的地方，如醫療、教育領域等等。可穿戴設備不僅解放了使用者的雙手，更為重要的是，它重新定義了我們的生活方式。未來，隨著無所不在的移動網路接入可穿戴設備，你還可以隨時隨地實現遠端教育、遠端醫療、遠端辦理稅務等事宜。此外，物聯網的快速發展以及智能城市的建設，未來資訊將更具開放性與互動性，整座城市將可以被感知。當市政府資訊辦將某個正在草擬的政策，通過專門的系統發至你的可穿戴設備如智能手錶上徵求你的建議時，你將不自覺地參與進來。

對，你將參與這座城市的規劃、建設，將看見的問題、建議分享給同樣生活在這座城市裡的陌生人，而同時，你也可以隨時獲知每個方案目前的進展情況，而不再像如今這樣，需要通過某個部門，辦理種種證明手續，並且具備正當理由的情況下才能看到。

未來，每個問題的發布者（用戶）、問題的負責人（政府和相關部門）以及解決問題的執行者（相關部門、企業和社會團體）之間將通過一個統一的平臺進行資訊的共用與有效互動。

未來城市的模樣是，所有城市管理都建立在一個龐大而完整的可觸摸空間內，城市管理者僅需拖拽與點擊即可完成各項設置，如果你看過電影《饑餓遊戲》，便能想像這是一個怎樣的場景，而你，無論需求是什麼，都能在短時間內快速獲取解決方案。

Memo

預見起飛中的
智能穿戴商業契機

作　　　者	陳根
編　　　輯	黃玉成
美術設計	吳怡嫻、侯心苹

發 行 人	程顯灝
總 編 輯	呂增娣
主　　　編	翁瑞祐
編　　　輯	鄭婷尹、邱昌昊
	黃馨慧
美術主編	吳怡嫻
資深美編	劉錦堂
美　　　編	侯心苹
行銷總監	呂增慧
資深行銷	謝儀方
行銷企劃	李承恩、程佳英

發 行 部	侯莉莉
財 務 部	許麗娟、陳美齡
印　　　務	許丁財
出 版 者	四塊玉文創有限公司

總 代 理	三友圖書有限公司
地　　　址	106台北市安和路2段213號4樓
電　　　話	(02) 2377-4155
傳　　　真	(02) 2377-4355
E － mail	service@sanyau.com.tw
郵政劃撥	05844889 三友圖書有限公司

總 經 銷	大和書報圖書股份有限公司
地　　　址	新北市新莊區五工五路2號
電　　　話	(02) 8990-2588
傳　　　真	(02) 2299-7900

製　　　版	興旺彩色印刷製版有限公司
印　　　刷	鴻海科技印刷股份有限公司
內　　　頁	靖和彩色印刷有限公司

初　　　版	2016年11月
定　　　價	新台幣 300 元
I S B N	978-986-5661-94-6（平裝）

本書簡體版書名是《預見：智能穿戴商
業模式全解讀》，由化學工業出版社正
式授權，同意經由四塊玉文創有限公司
出版中文繁體字版本。非經書面同意，
不得以任何形式任意重製、轉載。

國家圖書館出版品預行編目 (CIP) 資料

預見起飛中的智能穿戴商業契機 / 陳根著 .
-- 初版 . -- 臺北市 : 四塊玉文創 , 2016.11
　　面；　公分
ISBN 978-986-5661-94-6(平裝)

1. 數位產品 2. 產業發展 3. 市場分析

484.6　　　　　　　　　　　　105020559

金融管理

金融交易聖經──圖形辨識
拉里‧裴薩文托（Larry Pesavento）、萊絲麗‧喬弗拉斯（Leslie Jouflas）著／羅耀宗 譯／定價 400 元

華爾街名家投資心法，金融交易只要跟著走勢圖形，
消除市場波動的隨機性，就能成功掌握勝算。

有 40 年經驗的華爾街投資名家，教您從蝴蝶、AB=CD、三衝等各種圖形，洞悉股市脈動，學習辨識趨勢日，以機率思考、資金管理、風險評估，掌握成功勝算！不僅適合技術面分析的新手，也適合經驗豐富的交易人。

愈花愈有錢，跟著有錢人學理財！：28 歲結婚，30 歲置產，50 歲退休的家庭理財計畫
馮潔 著／定價 300 元

會賺錢很重要，會理財更重要！
不論是進修、旅遊、置產、退休、養老……
只要會理財，夢想成真並不難。

專業理財規劃顧問馮潔，以淺顯的文字指出正確的理財觀念，分析各式理財工具特色，教導相關財務報表製作，佐以大量實例分享，提供讀者全方位的理財知識。只要透過正確的理財規劃，慎選理財工具，就能一步步實現理想。

創新致富：從 2 萬到 20 億的創業之路
徐紹欽（Paul Hsu）著／朱耘 譯／定價 300 元

能夠改變自己人生的人，永遠是自己！
成功的人不是贏再起跑點，是贏在轉捩點！

從自家車庫起步到身價上億，擁有近 750 名員工；徐紹欽靠著創新的思維，成功地改變了自己的人生。他認為，機會並非只存在於某一個產業中，重點在於抓住每一個機會，發掘每一個需求，繼而想出滿足這些需求的辦法……

💲 創業開店

夢想咖啡館創業祕笈：隨著冠軍 Barista 腳步，打造超人氣店家

侯國全、林子晴 著／楊志雄 攝影／定價 300 元

**開一家咖啡館是很多人的夢想，
但實現夢想需要勇氣與努力！**

從地段選擇、店鋪規劃、裝潢細節，到經營模式、菜單設計、器具選購……等等，開一間咖啡館應該具備的知識，不容忽視的細節，由冠軍咖啡師也是咖啡館職人，告訴你如何開一家夢想咖啡館，帶你一圓咖啡夢！

人氣餐廳這樣開店最賺錢：從義大利麵餐廳學會餐飲業的賺錢祕技計

吳敏鍾、黃佳祥 著／楊志雄 攝影／定價 385 元

**你是不是曾有個創業夢？
擁有一間專屬於自己的餐廳，裡面有美食、有歡笑、有夢想…
開店其實沒有這麼難，準備好了，就出發！**

收錄品牌定位、地段選擇、裝潢設計、服務訓練、食材保存、成本評估……等開店必備知識，並有義大利麵餐廳的開店經驗分享、餐點的 SOP 示範及食譜實作。以輕鬆易懂的文字圖表，帶你一探餐飲業開店的必備技能與賺錢祕技！

設計師沒告訴你的省錢裝修術

aiko 著／定價 300 元

**有甚麼比住在自己設計的屋子裡更幸福？
一起來打造屬於自己獨一無二使用模式的老屋！**

自己改造老屋其實不困難，難則難在踏出第一步。從拆除、水電、泥作、木工、到油漆等等；自玄關、客廳、餐廳、廚房、臥室到陽台設計，自修住宅不一定要花大錢！通通自己來！跟著作者學習用 30 天改造已經 20 年的 50 坪老屋！